环境艺术设计

新概念中国高等职业技术学院艺术设计规范教材

顾问 林家阳

室内设计·办公空间

赵春光 陈 琦 著

中国美术学院推荐教材

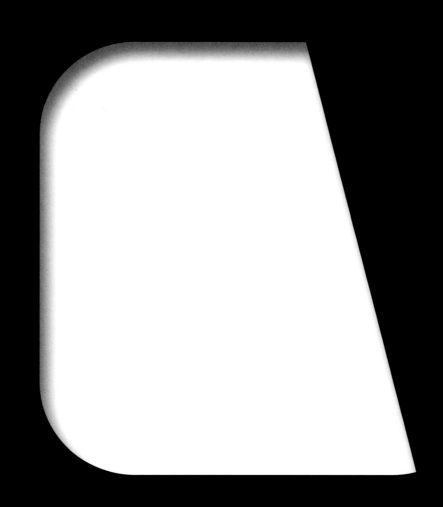

THE FIRST CHAPTER
CURRICULUM
SUMMARY

THE SECOND
CHAPTER
TEACHING
PROCESS

THE THIRD CHAPTER
PROJECT
EXTENSION

THE FOURTH
CHAPTER
WORKS
APPRECIATION

浙江人民美术出版社

序言

早在2006年11月16日，国家教育部为了进一步落实《国务院关于大力发展职业教育的决定》指示精神，发布了《关于全面提高高等职业教育教学质量的若干意见》的16号文件，其核心内容涉及到了提高职业教育质量的重要性和紧迫性；强化职业道德，明确培养目标；以就业为导向，服务区域经济；大力推行工学结合，突出实践能力培养；校企合作，加强实训；加强课程建设的改革力度，增强学生的职业技术能力等等。文件所涉及到的问题既是高职教育存在的不足，也是今后高职教育发展的方向，为我们如何提高教学质量、做好教材建设提供了理论依据。

2009年6月，温家宝总理在国家科教领导小组会议上作了"百年大计，教育为本"的主题性讲话。他在报告中指出：国家要把职业教育放在重要的位置上，职业教育的根本目的是让人学会技能和本领，从而能够就业，能够生存，能够为社会服务。

德国人用设计和制造振兴了一个国家的经济；法国人和意大利人用时尚设计观念塑造了创新型国家的形象；日本人和韩国人也用他们的设计智慧实现了文化创意振兴国家经济的夙愿。同样，设计对于中国的国民经济发展也将起着非常重要的作用，只有重视设计，我们产品的自身价值才能得以提高，才能实现从"中国制造"到"中国创造"的根本性改变。

高职教育质量的优劣会直接影响国家基础产业的发展。在我国1200多所高职高专院校中，就有700余所开设了艺术设计类专业，它已成为继电子信息类、制造类后的大类型专业之一。可见其数量将会对全国市场的辐射起到非常重要的作用，但这些专业普遍都是近十年内创办的，办学历史短，严重缺乏教学经验，在教学理念、专业建设、课程设置、教材建设和师资队伍建设等方面都存在着很多明显的问题。这次出版的《新概念中国高等职业技术学院艺术设计规范教材》正是为了解决这些问题，弥补存在的不足。本系列教材由设计理论、设计基础、专业课程三大部分的六项内容组成，浙江人民美术出版社特别注重教材设计的特点：在内容方面，强调在应用型教学的基础上，用创造性教学的观念统领教材编写的全过程，并注意做到章、节、点各层次的可操作性和可执行性，淡化传统美术院校所讲究的"美术技能功底"，并建立了一个艺术类专业学生和非艺术类专业学生教学的共享平台，使教材在更大层面上得以应用和推广。

以下设计原则构成了本教材的三大特色：

1. 整体的原则——将理论基础、专业基础、专业课程统一到为市场培养有用的设计人才目标上来。理论将是对实践的总结；专业基础不仅为专业服务，同时也是为社会需求服务；专业课程应讲究时效作用而不是虚拟。教材内容还要讲究整体性、完整性和全面性。

2. 时效的原则——分析时代背景下的人文观和技术发展观。时代在发展，人们的生活观、欣赏观、消费观发生了很大的变化，因此要求我们未来的设计师应站在市场的角度进行观察，同时也在一个新的时间点上进行思考；21世纪是数字媒体时代，设计企业对高等职业设计人才的知识结构和技术含量提出了新的要求。编写教材时要用新观念拓展新教材，用市场的观念引导今天的高职艺术设计学生。

3. 能用的原则——重视工学结合，理论与实践结合，将知识融入课程，将课题与实际需求相结合，让学生在实训中积累知识。因此，要求每一本教材的编写老师首先是一个职业操作能手，同时他们又具备相当的专业理论水平。

为了确保本教材的权威性，浙江人民美术出版社组织了一批具有影响力的专家、教授、一线设计师和有实践经验的教师作为本系列教材的顾问和编写人员。我相信，以他们所具备的教学能力、对中国艺术设计教育的热爱和社会责任感，他们所编写的《新概念中国高等职业技术学院艺术设计规范教材》的出版将使我们实现对21世纪的中国高等职业教育的改革愿望。

林家阳
2009年11月于上海

目录
CATALOG

第一章

Chapter 1

课程概述

CURRICULUM SUMMARY

第一章 课程概述

一、教学目标

本课程结合高职学院环境艺术专业的办学特点，通过办公空间设计的教程内容的实施，使学生获得室内空间造型的基础知识，提高设计思维和设计表达的综合能力。结合高职学生人才培养目标，使学生掌握以下的基础技能：

(1) 掌握造型表现能力与色彩表现能力。

(2) 掌握办公空间设计方法、设计程序、设计原理。

(3) 利用设计草图、设计草模和正式图纸等来准确表达设计思想。

(4) 掌握必要的建筑构造知识及防火规范等。

　　本课程的目的是使学生掌握办公空间设计的基本内容、方法，对办公空间的色彩、材料、照明及陈设品的设置有深入的认识和理解，掌握空间分隔与组合、结构处理、界面造型的基本方法。使学生通过学习和实践训练，具有"以人为本"的设计理念，具有提升空间品质和营造人文环境的设计思想，具备办公空间设计能力，具备一个设计应用型人才的专业素质，今后能较好地适应就业岗位的专业要求。学生能够通过学习达到以下具体要求：

　　（1）能分析不同性质的办公空间的企业文化特征，做到有目的、有针对性地进行设计。

　　（2）能够独立构思，提出构想，系统、科学地对空间进行功能布局与形体构建，并保证其设计风格的整体性和一致性。

　　（3）掌握手绘、电脑等表现技能（文字、图纸、透视效果图、模型等），将设计方案有效地表现出来，并保证空间尺度与比例的准确性。

　　（4）对灯光、材料、陈设等有较为整体的把握，使之成为满足功能、具备一定审美内涵的办公空间设计作品。

二、教学模式

办公空间设计是室内设计专业的必修专业课程。随着时代的发展，办公空间的模式也不断在变化，要求设计作品随着设计风格的发展不断进步，而且具有时代特征。在课程内容的选择和组织上，从学生的实际出发，注重创造学习专业知识的场景，培养学生丰富的想象力和概括力。通过给学生提供对日常生活、周边环境的自主探究机会，改变原先机械模仿的学习方式，培养学生的创造性思维，强调学生个性的发挥，让学生从对自然、地域、文化、情感的理解上反映出自身的生活态度。

结合办公空间设计课程大纲要求，结合高职学院的办学特点，教学过程围绕理论与实践相结合的教学方法展开，课程教学设置了多种场景，从课堂到模拟社会，在每个场景的教学过程中，注重学生形象思维和科学思维的协调发展，课程设计各有侧重，教师在其中主要起引导的作用。

（一）教学场景一：课堂形式——现代办公空间设计基本知识学习

该阶段为办公空间基本知识的讲授（办公空间的发展、企业的特征及管理结构等方面将进行重点讲解），并对一些优秀设计案例进行欣赏分析。优秀的设计案例可以激发学生的设计灵感，提高学生的学习兴趣，使学生在设计办公空间时有正确的思路和设计方向。该阶段学习以教师讲授为主，学生可以通过欣赏、讨论来增进学习气氛，提高对办公空间设计知识掌握的程度。

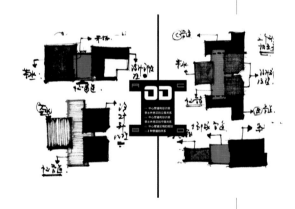

（二）教学场景二：模拟社会形式（一）——办公空间设计理论知识学习

该阶段学习以教师讲授为主，通过有针对性的教学活动，讲解办公空间的功能要求及空间划分、办公空间的环境要素、办

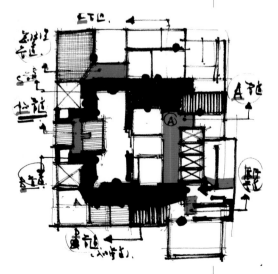

公空间的设计手法等，逐步完善学生对办公空间设计思维的整理。选择优秀办公空间设计案例，从概念形成、设计初步、深化设计到最后的表现，教师进行详细分析，必要时作示范；并针对在实际项目操作中从方案到施工的一般程序以及设计师的工作来解答学生提问。学生不出课堂就能够做到理论与实践相结合，不仅更有利于今后专业知识的学习，还能在学习中发现自己的特点与不足。

（三）教学场景三：户外形式——社会调查学习

该阶段活动以学生为主，使学生通过对所在地办公空间设计的考察和研究，加深对办公空间设计的感性认识。学习期间，教师适当加以引导，学生进行调研，分析、研究当今社会办公空间设计的发展趋势，对办公、家居及装饰材料的现状进行调研，并通过调查报告和小组讨论的形式完成学习，得出自己的一些看法和观点，为下一阶段的具体设计打好基础。

（四）教学场景四：专业课题——办公空间设计命题作业分析

该阶段活动以学生的设计实践活动为主，教师分阶段确定任务、目标，回答和解决设计过程中的问题，因势利导。学生通过真实的命题设计实践，可以将前面所学知识融入设计理念当中，符合社会需要，并能注重知识的连贯性，做到活学活用，在掌握了办公空间设计的基本要求后能够延伸对更深层次的思考。该阶段的学习在培养学生的想象力、创造力以及表现能力的同时，也培养了学生的交流、合作能力。在条件具备的前提下，可以将学生带到设计公司及工地现场参与设计与设计后期跟踪，这样可以使学生真正地做到理论与实践相结合，成为更贴近社会的应用型人才。

（五）教学场景五：模拟社会形式（二）——学生分析与讲解自己的设计案例

该阶段的主要内容是让学生在做好办公空间设计专业课题后，以模拟社会真实案例的形式讲解自己的设计，并由教师或学生提出相应的专业问题，由设计者回答，最终教师对方案进行总结。设计并不是单纯的画面表达，也要有语言的分析与讲解，这种形式可以提高学生的设计语言表达能力，有利于学生在今后能尽快地融入社会。

在办公空间设计课程的整个场景教学过程中，学生始终是学习的主体。在教师循序渐进的引导下，学生对办公空间设计的认知由浅入深并能进入到自主探究式学习的状况，整个教学过程是以使学生能最终将自己的设计融入社会为目标。

三、教学重点与难点

（1）教学重点：在教学过程中让学生领悟不同功能的办公空间的特点，有针对性、有目的性地进行设计。对办公空间尺度的把握、平面的布局和各界面的处理手法要作重点的讲解。解决室内色彩、灯光、材质、绿化的搭配问题，强调办公空间的空间氛围，增强学生的实际操作能力。

（2）教学难点：在于如何结合不同功能办公空间的特点，运用各种设计手法营造办公空间的氛围，打造风格统一、特征明确的艺术空间。平面布局的合理性、空间界面的处理是教学过程中较难理解的知识点。引导学生通过草图、CAD制图、效果图等方式来表达设计成果，提高学生的表现能力。

四、课程设置与课时分配

（一）教学基本内容及安排

第一阶段：理论讲授及发布设计任务书阶段（16课时）

教学目的：通过对办公空间的类型、分区特点、界面装饰及施工的讲授，使学生能够掌握一定的办公空间设计理论；通过对优秀案例的分析，加深学生对办公空间设计的理论认识；通过对设计任务书的分析，让学生明确设计目标。

教学活动：理论讲授；优秀设计案例评析；设计任务书分析。

第二阶段：实践教学阶段（48课时）

教学目的：学习正确的设计构思方法，培养创新设计思维；掌握生活模式和设计模式的内在联系；综合运用选修专业课所学知识；研究色彩语言和现代办公环境的发展趋势；掌握一种新空间的表达方式。

教学活动：根据学生的设计方案及合理的设计进程，进行单独辅导；每周至少一次，集中进行优秀设计案例评析。

（二）教学方法和注意问题

本课程结合先修专业课所学的专业知识，试图在室内设计专业课程的一般规律与办公空间设计的特殊规律中寻找切入点，将办公空间的流线组织、开放性与私密性、办公家具的模块化等作为办公空间设计的重点。

在教学方法的运用上，应采用多媒体等互动式的教学模式，在教学过程中，通过课堂讨论、课下调研等教学手段，调动学生参与教学的积极性，培养学生的发散性思维，让学生了解最新学术动态，以形成良好教学互动。

（三）课时分配表

课程单元名称	基本内容	单元学时	单元学时分配		备注
			讲授	实践	
一、理论讲授	理论讲授；设计案例评析；设计任务书分析	16	14	2	多媒体
二、实践教学	办公空间设计	48	12	36	
合　计		64	26	38	

第二章

Chapter 2

教学流程

TEACHING PROCESS

第二章 教学流程

一、教学流程表

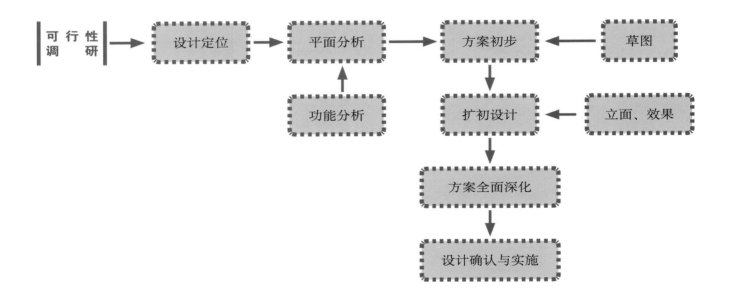

二、流程分析

在教学过程中按照模拟社会工程的进度，进行实际教学，能让学生在学校学习后更好地融入社会，所以课程安排的教学流程与设计流程相同。办公空间室内设计项目主要分为委托项目和招标项目两种。委托项目是由业主单位指定某个设计单位或设计师团队，全权委托其对室内设计项目进行设计。招标项目是由招标人（业主）以书面（标书）的形式提出明确要求，包括对投标人的资格要求，投标内容的技术要求，交货或者完成工程的时间、地点、付款方式，等等，书面邀请投标人参与投标，投标方通过一定的程序，参与由多个设计单位加入的竞争，招标人最终评选出最适合做此项目的设计单位来完成设计。招标项目具有择优竞争、程序严谨、过程清晰的优点，体现了"公开、公平、公正"的市场竞争原则。

不论是委托项目，还是招标项目，从办公空间室内设计流程的角度出发，都具有如下特点：

（一）可行性调研

1. 业主需求

业主需求是办公空间设计的重要参考依据，如果是招标项目，则要仔细参读招标文件，还应与业主进行深入细致的交谈，了解其思想行为、文化素质、职业背景、习俗信仰、财力地位等，耐心听取其对企业形象、办公方式、空间使用、装饰等级、预期效果等方面的意向。了解企业的组织架构、工作流程、业务特点及设备细节等方面的内容。了解空间使用者群体的工作方式、年龄结构、文化层次等，并在此基础上，为业主量身定做符合行业特点的、有针对性的办公空间设计方案。

2. 实地勘验

实地勘验是办公空间设计过程中必须进行的一项基础性设计
调查。深入现场了解建筑物及建筑物周边的基本情况，比照原建
筑图纸，如平面图、立面图、剖面图等，进行实地的勘查和测
量。了解现场的空间、尺度、模数、采光、视线等客观条件，了
解是否还需要完全或部分地使用现有的家具和设备，了解现有家
具设备的目录和尺寸，列出能被再次使用的家具和设备清单等。
实地勘察所得出的综合数据是办公空间设计的基本依据。

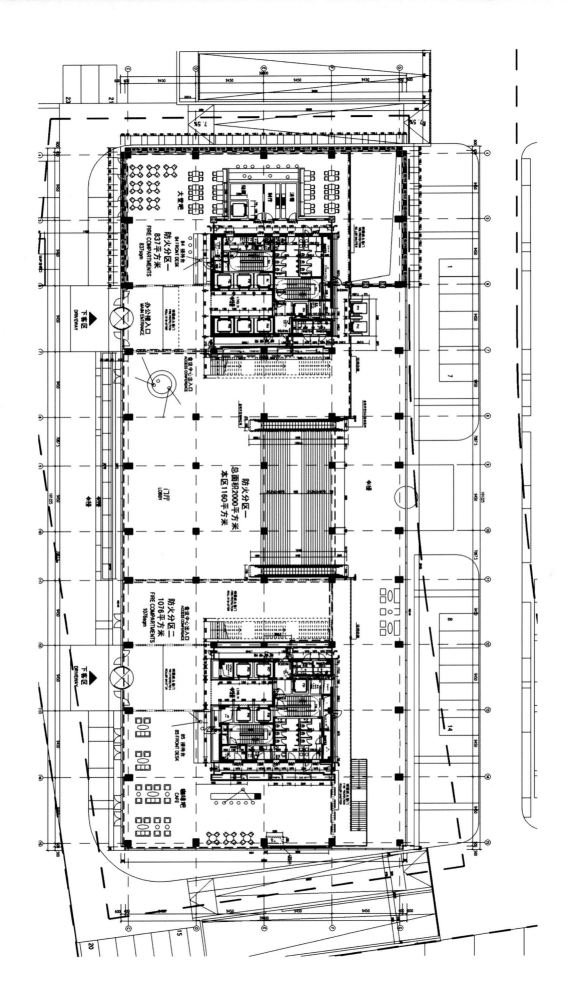

（二）市场调查

1．装饰材料市场调查

装饰材料是实现室内装饰装修目的的重要物质基础，正确选择和合理使用装饰装修材料，就必须了解常用装饰装修材料的基本性能。通过对装饰材料市场的调查，及时掌握新材料、新工艺，了解本次设计可能涉及的装饰材料品牌、质量、规格、价格、供货、环保安全等因素，筛选可能的材料范围，为设计出适应潮流的作品奠定基石。

2．家具市场调查

　　家具在室内设计中扮演着十分重要的角色，引导着室内设计的风格和走向。在办公空间室内设计中，除了考虑办公家具的款式，也要充分考虑它的实用性。通过对办公家具市场的调查，能加深对办公家具品牌、质量、规格、价格等的了解，办公家具的多样组合丰富了空间的形态，并对整体设计风格的协调起到了促进作用。

3．同类空间调查

　　同类空间设计是设计的先行者，体现了此类空间设计的一般特点。同类空间考察主要有实地考察和间接考察两大类。实地考察主要是参观同类空间，了解同类空间的空间划分、交通流线、设计风格等相关内容，分析其存在的优点和不足，能够更好地帮助设计师展开设计；间接考察主要是研究和参考书籍上的国内外同类优秀案例，了解当前及未来的同类空间设计趋势，从中汲取灵感，能够更好地帮助设计师提高设计水平，提升设计品位。

4．收集资料

收集建筑物资料，获取建筑数据，如原建筑图纸、设计说明、配套设备情况以及其他必要信息。收集施工场所、周边环境以及其他社会、生活情况，作必要的文字和影像记录，以便进行研究和存查。收集相关的法律法规及设计规范等，研究设计的可行性。收集必要的设计参考资料，研究其借鉴的可能性。

（三）设计定位

1. 分析整理数据

分类整理办公空间设计所需的各类信息和资料，总结并量化数据，包括各类建筑、家具和设备的数量、规格、尺度等，并进一步解析数据，列出表格，绘制系统关系图，为下一步的设计展开提供详实的数据支持。

2. 明确设计目标

明确办公空间的设计任务和要求，如办公空间的性质、功能、规模、档次、造价等。明确功能定位、人机关系定位、技术定位、预算定位、材料定位等。把业主的生活意识、审美层面、自我价值等逐步融入方案构思之中，通过客观的分析和深入的探讨，促使业主接受合理化建议。从立意构思着手，找到设计的切入点，创作出创新意识和理性精神兼备的设计方案。

3. 拟定设计任务书

与业主进行协商，明确设计内容、条件、形式、经济、技术等细节问题，明确设计期限，制定设计计划，并就初步构思与计划达成共识，拟定一份合乎可行性研究的设计任务书。

（四）平面分析

室内设计中的平面图实际上是特定空间在水平方向上的剖切图，它既表达了空间的平面组合关系，又反映了空间与空间中的垂直构件之间的相互关系。从空间的使用性质来分析，室内平面主要由使用空间和交通空间两部分组成。使用空间是指满足主要使用功能和辅助使用功能的空间，如办公空间中的办公室、会议室是主要功能空间，卫生间、茶水间是次要功能空间。交通空间是指专门用来连通各使用部分的那部分空间，如门厅、过厅、走道、楼梯、电梯等。

研究室内空间的主题与规划、方向与路径，研究工作与效率、方法与实施，研究空间利用的合理性和有效性，研究建筑与环境、室内与建筑之间的关系，并作平面功能分析，勾勒出设计的初步轮廓。

办公空间的主要功能分区有：入口大厅、接待空间、集体办公空间、独立办公空间、会议空间、交通空间、配套空间等。通常我们借助功能分析图来归纳、整理和明确使用空间的功能分区。

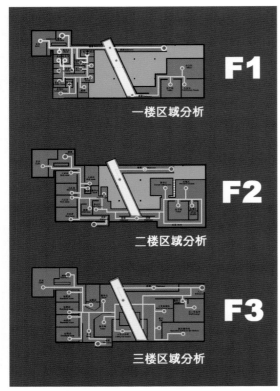

一楼区域分析 F1

二楼区域分析 F2

三楼区域分析 F3

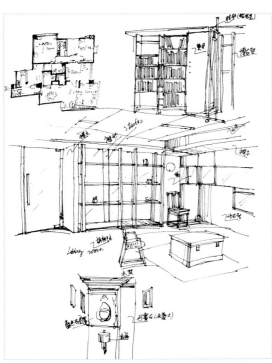

（五）方案初步

综合可行性调研报告的内容、设计定位的内涵和平面分析的成果，形成相应的构思与立意，开发出多套创意方案，如：从空间形象上展开构想，从室内平面上寻找关系，从设计风格上定位构思，从历史人文中汲取灵感，等等，继而通过对方案的分析、比较、选择，确定最佳方案。

方案的初步设计阶段是将设计理念形象化的阶段，是将设计构思通过草图或草模的方式进行研究，吸收和综合多方意见，进行调整与修改，然后再构思，出草图，再调整的反复斟酌阶段，最后形成各方都能接受的理想设计方案。这一阶段是设计流程中的重要阶段，是从创意到图示的关键阶段，方案初步设计完成，其基本轮廓已清晰呈现。

将初步设计完成的方案制定成标书，参与设计投标。投标文件一般包括：设计单位的法定代表人资格证明书和授权委托书，设计单位概况、资质、工程业绩、设计团队、服务承诺等，设计方案、投标报价等。评标时，由投标单位设计主创人员对其设计方案进行讲解，阐述设计理念和技术手段，并由评标委员会专家组评标。根据评标委员会评议、评分结果与竞争性谈判后确定的中标单位进行合同谈判。中标的设计单位与业主单位签订二次装修合同，甲乙双方法定代表人或双方授权代理人签字后生效，至此设计招标工作结束。

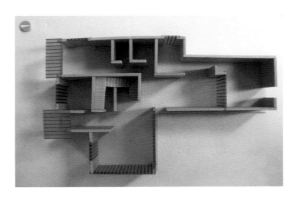

（六）扩初设计

扩初设计也就是扩充初步设计，是指在初步方案的基础上再进行进一步深入的设计，把分析、综合所得出的解决方法作为基础，进行系统统筹，但其设计深度还未达到施工图的要求。扩初设计是从方案设计到施工图设计的过渡阶段，是在真实尺度的限定下，进行带有结构与施工考虑的展开设计并具体落实于平面图和立面图之中。这一阶段要完善初步设计方案中的一系列具体问题，如：室内的平面功能与空间关系，顶面造型与灯具分布，地面材质与纹样肌理，门窗位置与开启方式，立面造型与细节呈现，家具设备的结构与构造，装饰重点与取舍，等等。为下一步绘制施工图、确定和控制工程造价提供重要依据。当设计做到扩初阶段，室内设计的效果也就基本出来了。

办公空间的扩初设计包括设计说明书和设计图纸，其中设计说明书是设计构想的阐述以及设计方案的具体解说。设计图纸主要包括平面图、顶平面图、立面图、剖面图、效果图等。基于正投影原理所绘制的平、立、剖面图，科学地再现了室内空间的真实尺度与比例、材料与构成、设计与做法，并要求标示大致尺寸、材料、色彩等，但不包括节点大样以及工艺要求等具体内容，技术要求较有深度，要求能够准确地交待空间构思与施工之间的关系，并从专业的角度出发论证方案设计的技术可行性。效果图则试图模拟人的视线，用透视的方法来表现室内空间的基本面貌。

（1）平面图：主要研究建筑室内的功能与交通流线之间的相互关系，确定空间与家具的尺度、门窗与隔断的位置、地面高差与材料的铺设、室内景观与设备设施的分布等。

（2）顶平面图：明确吊顶的造型、标高、材料等，标明灯具、空调、新风、消防等设备的位置。

（3）立面图：主要涉及墙立面的比例和尺度，墙面造型、材料、色彩、装饰，家具、绿化以及摆设等。室内设计中的长方形平面主要用剖视图来表达空间的起伏关系，圆形及弧形平面的空间主要用展开图来表达立面。

（4）剖面图：主要表现空间以及空间中的楼梯、坡道等高差关系。通常与表现立面的剖视图一起表达空间在垂直面上的关系。

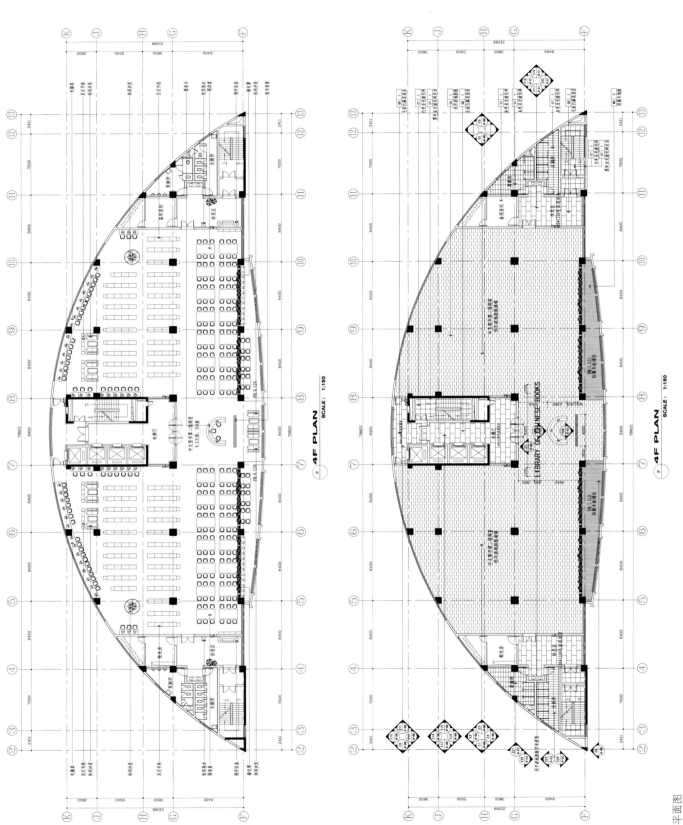

4F PLAN   SCALE: 1:150

4F PLAN   SCALE: 1:150

LIBRARY OF CHINESE BOOKS

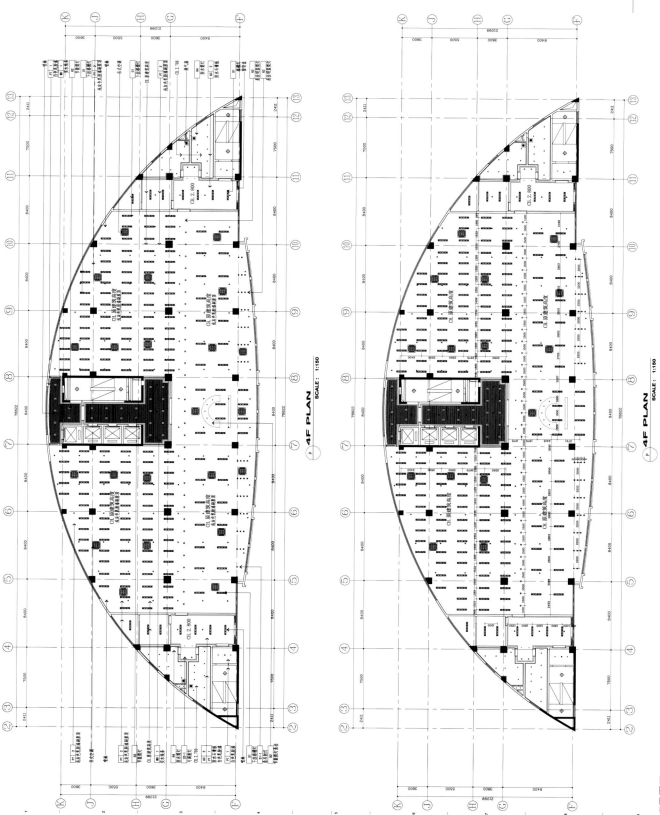

4F PLAN   SCALE: 1:150

4F PLAN   SCALE: 1:150

顶平面图

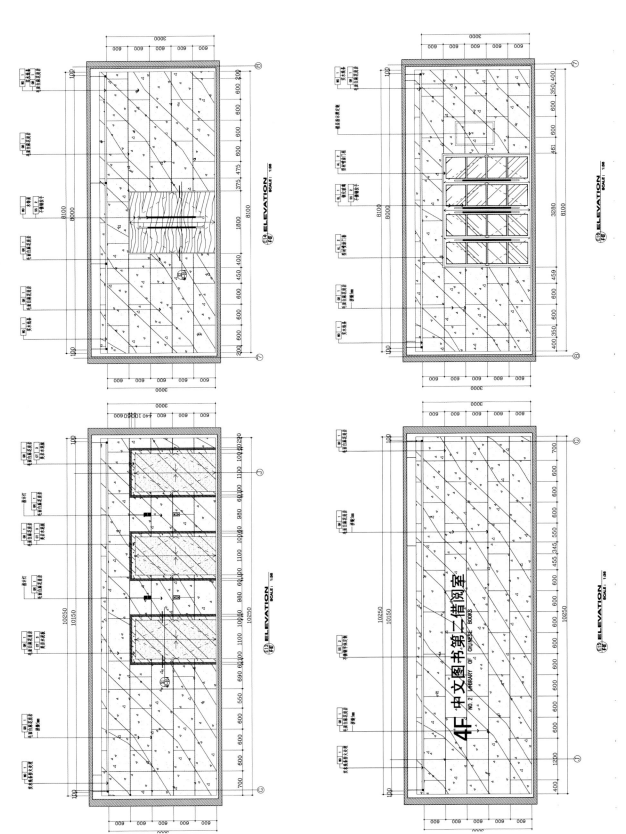

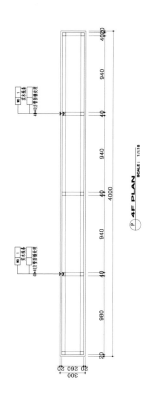

P 4F PLAN
SCALE: 1:1:16

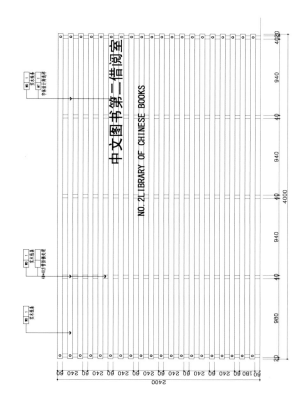

中文图书第二借阅室
NO. 2 LIBRARY OF CHINESE BOOKS

E26 ELEVATION
SCALE: 1:1:16

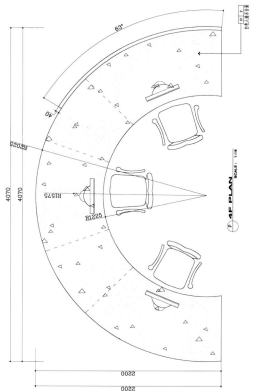

P 4F PLAN
SCALE: 1:16

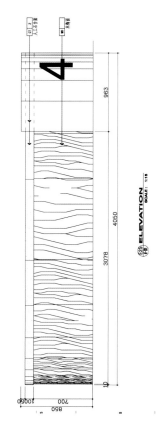

E25 ELEVATION
SCALE: 1:16

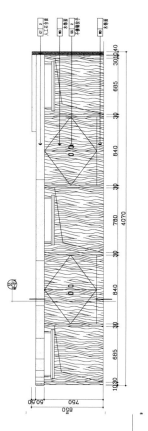

E27 ELEVATION
SCALE: 1:16

剖面图

（5）效果图：模拟人的视线，通过特定视点，在二维的画面上表达三维关系，使人能够直观感受未来的空间与物象，较为真实地表达出室内空间的造型、色彩、材质等的设计效果。设计的主要表现方法有两种：一是绘画。绘画效果图是经过艺术加工，源于生活而高于生活

的表现作品；二是电脑辅助设计。电脑效果图的表现效果接近摄影或影视作品，给人真实的印象。这两种主要形式相辅相成、相得益彰。除此以外，还有口头语言、图表、体势、模型等表现形式。

(6) 材料手册：是针对设计所提供的必要材料实样，包括墙面材料、饰面板材、地板面砖、织布织物等主要材料的小样，以及家具、灯具、设备等实物照片，让业主、技术人员及施工者对其特征、色泽、性能、图案、质地等有直观的了解，增强对空间形象的理解。

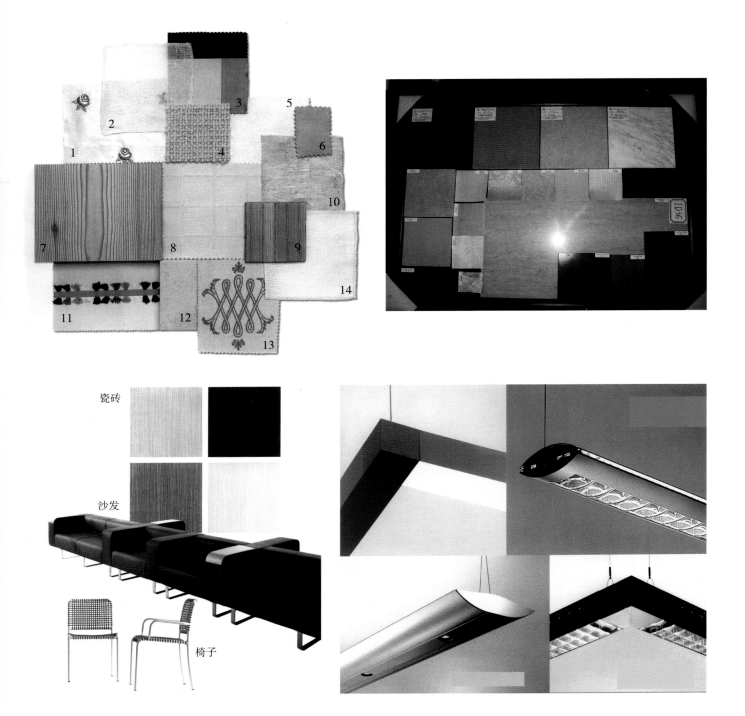

（七）方案全面深化

方案的深化设计是在扩初设计的基础上的深入和完善，也就是我们通常所说的施工图设计阶段。施工图是施工单位按图施工的依据，其设计深度比扩初设计更进一步，也更加规范、详尽和完整。施工图设计强调的是可行性、准确性和完整性，是工程质量和施工水平的有力保障。施工图设计的成果主要包括设计说明书和设计图纸两部分。

(1) 设计说明书：是对施工图设计的具体解说，其主要内容包括工程总体设计要求、规范要求、质量要求、施工约定以及设计图纸中未标示部分的说明。

施工说明

一、工程概况

1、本说明以这套图纸为依据，2.2 本工程总建筑面积：736.2平方米，高度：地上2 层，地下1层，建筑高度 7.80m 。
其中此套户型需装饰设计的建筑面积为736.2平方米

2、尺寸及标高：一般无专门说明时，尺寸单位为毫米；标高单位为米。

3、施工图的编号说明 图名，D为大样 E为立面 D4 / ID-2.0 节点在图纸上的顺序号 索引指向的图纸编号

4、建筑设计单位： 浙江绿城发展集团有限公司

5、除本设计有特殊要求规定外，其他各种工艺、材料均按国家规定的最高标准。

二、墙面工程

1、本工程装饰隔墙除注明外均采用 “75系列轻钢龙骨，12mm厚单层双面纸面石膏板”轻质隔墙。

2、轴线与隔墙厚位置的确定：当图纸无专门标明时，一般轴线位于各墙厚的中心。

3、其它材料做法：当图纸无专门标明时，构造见“构造做法一览表”。

三、门窗工程

1、设计图所示门窗尺寸为门窗实际加工尺寸。

2、除在图中有特别标明“按装饰设计施工”的外，建筑防火门、疏散楼梯门不属于本设计范围内。

四、地面工程

1、地面工程质量应符合建筑地面工程施工验收及规范“GB50209-2002”的要求。

2、卫生间楼地面应做基层防水处理(按国家规定的验收标准)，具体做法见“构造做法一览表”。

3、其它材料做法：当图纸无专门标明时，构造见“构造做法一览表”。

五、顶面工程

1、本工程吊顶材料无专门标明时，均采用 “60系列轻钢龙骨，12厚纸面石膏板”。
具体做法见“构造做法一览表”。

2、卫生间顶面材料如采用纸面石膏板，特指“防水纸面石膏板”。

六、其它

1、隐藏钢结构表面不低于st2级，底漆为两道红丹醇酸防锈漆。

2、进行油漆工程之前，先进行油漆色板封样，征得设计师同意后方可大面积施工。

3、凡本工程所用装饰材料的规格、型号、性能、色彩应符合装饰工程规范的质量要求，施工订货前会同建设、设计等有关各方共同商定。

4、本装饰设计图必须报公安消防部门建审，获通过后方可施工。

七、施工中具体参照标准

本工程所有的参照标准均按现行的相关国家标准或行业标准。承建商在进行工程中应采用最佳及最合适的标准，同时，业主方总监也有权要求承建商在工程实施中采用他认为最好的标准。但必须满足中华人民共和国行业标准之建筑装饰工程施工及验收规范。

1、石料工程

材料：

(1) 石料本身不得有隐伤，风化等缺陷，清洗石料不得使用钢丝刷或其他工具，而破坏其外露表面或在上面留下痕迹。

安装：

(1) 检查底层或垫层安施妥当，并修饰好。

(2) 确定线条，水平图案，并加以保护，防止石料混乱存放。

(3) 在底、垫层达到其初凝状态前施放石料。

(4) 用浮飘法安放石料并将之压入均匀平面固定。

(5) 令灰浆至少养护24小时可施加填缝料。

(6) 用勾缝灰浆填缝，填孔隙，用工具将表面加工成平头接合。

(7) 石材放样应得到设计师审批、认可。

清洁：

(1) 在完成勾缝和填缝以后及在这些材料施放和硬化之后，应清洁有尘土的表面，所用的溶液不得有损于石料、接缝材料或相邻表面。

(2) 在清洁过程中应使用非金属工具。

石料加工：

(1) 将石料加工成所需要的样板尺寸、厚度和形状、准确切割，保证尺寸符合设计要求。

(2) 准确塑造特殊型、镶边和外露边缘，并且进行修饰以与相邻表面相配。

(3) 提供的砂应是干净、坚硬的硅质材料。

(4) 所用粘结材料的品种，掺合比例应符合设计要求，并有产品合格证。

2、木工

材料：

材料应用最好之类型， 自然生长的木料必须经过烘干或自然干燥后才能使用，没有虫蛀，松散或腐节或其他缺点，锯成方条形，并且不会翘曲，爆裂及其他因为处理不当而引起的缺点。

胶合板按不同材种选用进口或国产，但必须达到AAA要求。承建商应在开工前提供材料和终饰样板且经筹建处和设计师认可批准才能使用。

防火设计：

(1)本工程建筑分类为 类建筑。
(2)建筑内部各部位装修材料的燃烧等级：(见附表一)
(3)消火栓、喷淋、烟感、防火门等位置，除注明外以建筑蓝图为准。
(4)所有基层木材均应满足防火要求，表面三度防火涂料，防火涂料产品符合消防部门验收要求。
(5)玻璃幕墙与每层楼板、隔墙处的缝隙采用不燃材料严密填实（声学要求除外）。
(6)所有的建筑变形缝内均采用不燃材料严密填实。
(7)所有建筑墙面上开洞、开孔后均采用不燃材料严密填实。

防火处理：

(1) 所有基层木材均应满足防火要求，涂上三层本地消防大队同意使用的防火涂料。

(2) 承建商要在实际施工前呈送防火涂料给筹建处批准方可开始涂刷。

制作二艺及按装：

(1)尺寸

①所有装饰用的木材均严格按图纸施工，凡原设计节点不明之处需补充设计图，经设计师同意后实施。

②所有尺寸必须在工地核实，若图样或规格与实际工地有任何偏差，应立即通知设计师。

(2)装饰：

①所有完工时在外之木作工艺表面，除特列注明处，都应该按设计做饰面。

(3)终饰：

①当采用自然终饰或者采用指定为染色、打白漆，或油漆被指定为终饰时，相连木板在形式，颜色或纹理上要相互协调。

收缩度：

所有木工制品所用之木材，均应经过干燥并保证制品的收缩度不会损害其强度和装饰品之外观，也不应引起相邻材料和经构的破坏。

装配：

承建商应完成所有必要的开榫眼、接榫、开槽、配合做舌榫嵌入，榫舌接合，和其他的正确接合之必要工作。
提供所有金属板，螺丝，铁钉和其他室内设计要求的或者顺利进行规定的木工工作所需的装配件。

接合：

(1) 木工制品须严格按照图样的说明制作，在没有特别标明的地方接合，应按该处接合之公认的形式完成。
胶接法适用于需要紧密接合的地方。所有胶接处应用交叉舌榫或其他加固法。

(2) 所有铁钉头打进去并加上油灰，胶合表面接触地方用胶水接合，接触表面必须用锯或刨进行终饰。实板的表面需要用胶水接合的地方，必须用砂纸轻打磨光。

(3) 有待接合之表面必须保持清洁，不肮脏，没有灰尘，锯灰，油渍和其他污染。

(4) 胶合地方必须给于足够压力以保持粘牢，并且在胶水凝固条件均按照胶水制造商之说明而进行。

划线：

所有踢脚板、框缘、平板和其他木工制品必须准确划线以配合实际现场达成应有的紧密配合。

镶嵌细木工工作：

在细木工制品规定要嵌镶的地方，应跟随其周边的工作完成之后嵌入加工。

清洁：

除特别指出的终饰之外，承建商应将有关木工制品清洁使其保持完好状态。所有柜子内部装饰，包括活动层板应涂上二度以上清漆使其光滑， 且根据设计要求进行必要的补色等工艺。

木材、夹板成型架框：

(1) 一般用木材成架安装于天花板上时，应确保所有部件牢固及拉紧，且不得影响其他管线(风管、喷淋管等)走向。依照设计图纸固定于天花。

全部木作天花均要涂上三层本地消防大队批准使用的防火涂料。

八、装饰防火胶板

防火胶板的粘结剂应使用与防火胶板配套使用的品牌，并遵守使用说明。

材料

九、装饰五金

所有五金器具必须防止生锈和沾染，使用前应提供样品征得筹建处 及设计师同意。

在完成工作所有五金器具都应擦油、清洗、磨光和可以操作，所有钥匙必须清楚地贴上标签。

十、金属覆盖板工程

材料

承建商应根据图纸所标品种、颜色供应商提供样板，征得筹建处同意。

安装

金属板必须可以承受本身的荷载，而不会产生任何损害性或永久性的变形。

所有金属表面覆盖板及配件需符合国家《GB 50210-2001》要求及有关标准或规范。

(1) 金属饰面板的品种、质量、颜色、花型、线条应符合设计要求，并应有产品合格证。

(2) 墙体骨架如采用轻钢龙骨时，其规格、形状应符合设计要求，易潮湿的部分进行防锈处理。

(3) 墙体材料为纸面石膏板时，安装时纵、横接缝应拉开5~8mm。

(4) 金属饰面板安装，宜采用抽芯铝铆钉，中间必须垫橡胶垫圈。抽芯铝铆钉间距以控制在100~150mm为宜。

(5) 安装突出墙面的窗台、窗套凸线等部位的金属饰面时，裁板尺寸应准确，边角整齐光滑，搭接尺寸及方向应正确。

(6) 板材安装时严禁采用对接。搭接长度应符合设计要求，不得有透缝现象。

(7) 外饰面板安装时应挂线施工，做到表面平整、垂直，线条通顺清晰。

(8) 阴阳角宜采用预制角装饰板安装，角板与大面搭接方向应与主导风向一致，严禁逆向安装。

(9) 保温材料的品种、填充密度应符合设计要求。并应填塞饱满，不留空隙。

（2）设计图纸：是工程施工的依据，其主要内容包括平面、顶平面、立面、剖面及节点大样和详图等。图纸中各界面、家具设备、门窗等的造型尺寸、做法、节点、材料、色彩、规格等必须以局部服从整体为原则标示清楚，按照各种装饰材料的造型特点和施工工艺画出施工图，并注明工艺流程和附注说明，为施工操作、施工管理及预决算过程提供详实依据。完整的施工图还应包括水、电、消防、空调管线等专业施工图纸，以及装饰五金、卫生洁具、照明音响、厨房设施等详图。另外，施工图纸还应提供设计概预算。

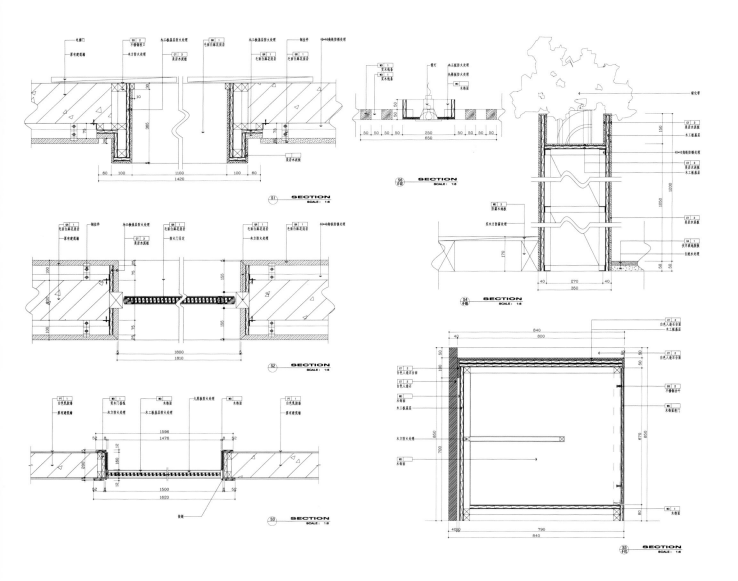

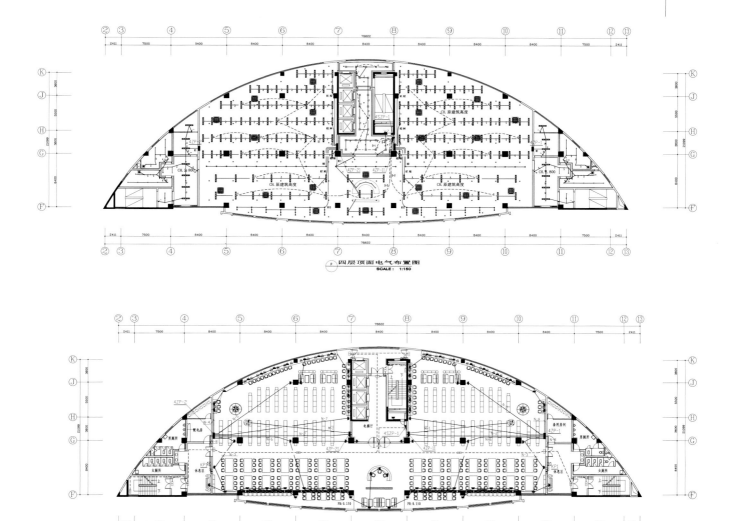

四层顶面电气布置图
SCALE: 1:150

四层平面电气布置图
SCALE: 1:150

（八）设计确认与实施

　　与业主进行功能、风格、形式、材料、技术等细节问题的协商与评价以此来确定设计，然后付诸实施。施工图绘制完成，施工招投标工作结束，确定了施工单位后，设计师或设计团队成员应负责向施工人员解释图纸内容，并根据施工进度，实施现场配合与指导，解答施工人员的疑问，对于设计的不合理部分作出必要的调整，以保证施工的顺利进行。

　　施工结束后，设计师要配合做好家具、室内陈设品的选购、布置等后期工作，最后还要进行设计评价工作，通过设计评价了解设计的不足，总结设计经验，不断改进设计，优化设计成果。

三、办公空间设计注意事项

（一）平面功能

办公空间通常由主要办公空间、公共接待空间、交通联系空间、配套服务空间、附属设施空间等构成，办公空间的布局既要从现实出发，又要适当考虑功能设施的发展、变化以及后续调整的可能性。一个设计合理的办公空间，应符合直线原则，即工作的进展应沿一系列的直线来向前移动，避免交叉和后退。工作流程应符合实际办公模式和办公系统组织的需求。空间的组合一般应符合方便对外联络的原则，也就是要将与外界联系较为紧密的空间或是需接受大量来访者的空间，如前台、接待、会客以及具有对外性质的会议室、多功能厅等设置在入口或主通道附近；有密切工作关系的办公空间应布置在相近的位置；人多的厅室还应设置安全疏散通道。

综合型的办公空间应根据不同的功能进行分区设置，当办公空间与商场、餐饮、娱乐等组合在一起的时候，应单独设置具有不同功能的出入口，以免相互干扰。

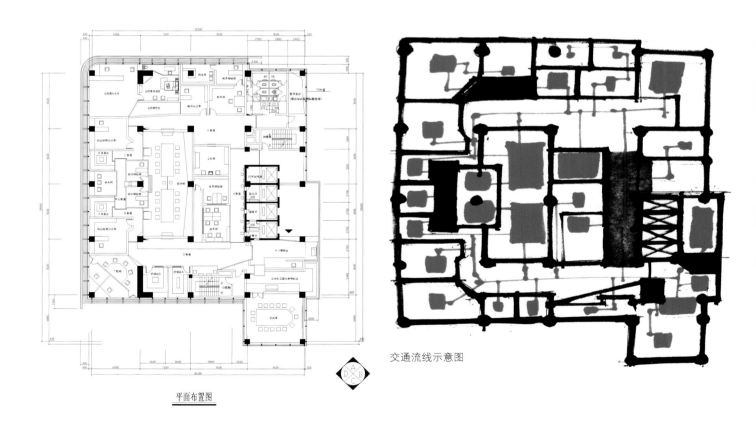

平面布置图

交通流线示意图

大开间办公空间的平面布置，须根据功能的要求合理排列和组合办公家具，既可以统一安排，也可以按组团分区布置。通常以5～7人为一组团，各工作位置之间、组团内部、组团之间既要方便联系，又要尽量避免交通流线的交叉，减少工作人员之间的相互干扰。

办公单元的组团方式有以下几种：

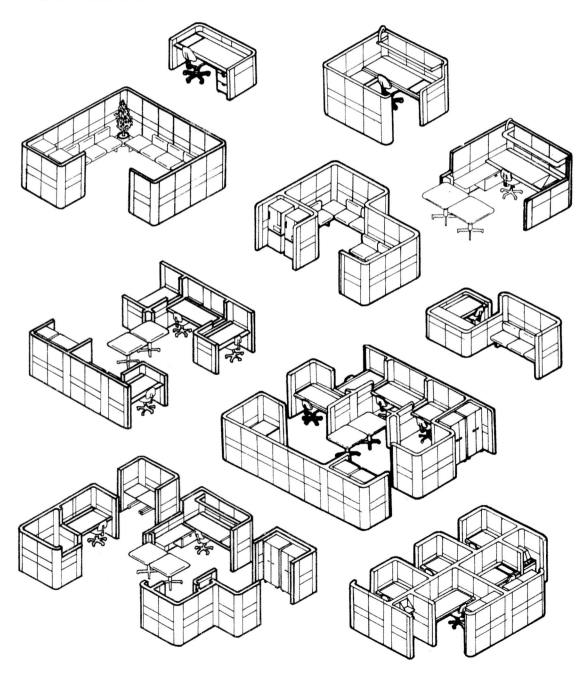

（二）尺度比例

室内办公、服务以及附属设施等用房的分配比例、房间大小及数量，均应根据办公空间的使用性质、建筑规模和相关标准来确定。

根据办公空间不同的等级标准，一般办公人员面积定额为3.5～6.5平方米/人（不包括过道面积），最高级主管人员37～58平方米/人，初级主管人员9～19平方米/人，管理人员7～9平方米/人。使用1.5米办公桌的工作人员5平方米/人，1.4米办公桌的人员4.6平方米/人，使用1.3米办公桌的工作人员4.2平方米/人。

办公空间的净高一般不低于2.6米。办公空间设计还须考虑家具设备的尺度、工作人员使用家具设备的必要活动空间和交通空间的尺度等。

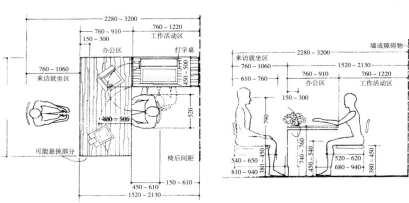

① 办公单元的基本尺度

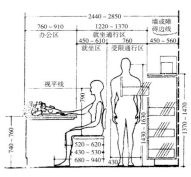
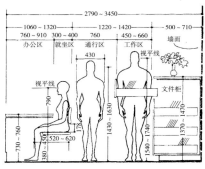

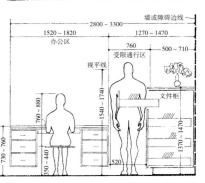
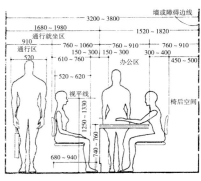

② 办公家具与过道的尺度

（三）界面处理

一般而言，办公空间各界面的处理须考虑管线的铺设、连接与维修的方便，宜选用漫反射材料，以避免产生光污染，还应选用便于清洁、能防止静电的材料，设计宜简洁、明了，色彩宜清新、淡雅，在选材时还应适当考虑色彩的搭配，以利于营造宁静、和谐的办公氛围，进而提高工作效率。

顶界面应选择质轻并具有一定的光反射和吸声作用的材料，如矿棉石膏板、塑面穿孔吸声铝合金板等，并考虑照明设施、送风口和风机盘管、消防设施、烟感应器、消防喷淋器、吸顶式紧急照明灯、紧急广播系统、吸顶式机械

排烟口、防烟分区幕等各类管线的协调配置，在空间的高度和平面布置上要进行有序排列。顶界面还应设置顶界面检修孔。

底界面应考虑减少走路噪音、预埋管线和弱电连接等问题。地面材料可选择在水泥粉光地面上铺塑胶类地毡、橡胶底地毯或强化地板等。地面色彩应与办公空间的整体色彩相协调，可略深于侧界面。

侧界面的造型色彩应以淡雅为主，墙面材料常采用浅色系乳胶漆或单色带有肌理的墙纸、墙布等材料，以营造舒适、高效的办公环境。

（四）采光照明

办公空间应考虑能自然采光并有良好的通风，采光系数（侧窗洞口面积与室内地面面积比）应大于1：6。

办公空间的照明灯具宜采用荧光灯，标准照度一般为100～200lx。办公空间的一般照明宜设计在工作区的两侧，尽量避免将灯具布置在工作位的正前方，工作面上可另

1#卤素嵌灯　皇宫HG-TH096 光源：欧诗郎 12VMR16 MAX50W

规格：直径=106mm 高=100mm 开孔=95mm 材质：压铸铝 Aluminum

2#卤素嵌灯　皇宫HG-1613-1　光源：欧诗郎 GY6.35 12V 50W

规格：直径=140mm 高=155mm 开孔=128mm　材质：压铸铝 Aluminum

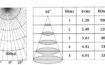

3#卤素嵌灯　皇宫HG-TH097　光源：欧诗郎 12VMR16 MAX50W

规格：直径=106mm 高=100mm 开孔=95mm 材质：压铸铝 Aluminum

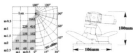

4#卤素嵌灯　皇宫HG-TH109　光源：欧诗郎 12VMR16 MAX50W

规格：直径=95mm 高=140mm 开孔=75mm 材质：压铸铝 AlAlloy

5#卤素嵌灯　皇宫HG-TH09　光源：欧诗郎 12VMR16 MAX50W

规格：直径=106mm 高=100mm 开孔=95mm　材质：压铸铝 Aluminum 玻璃Class

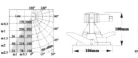

6#节能筒灯　皇宫HG-F6 `` LPL　光源：欧诗郎 18W 双管节能灯

规格：直径=193mm 高=114mm 开孔=178mm　材质：压铸铝 Aluminum 玻璃Class

加局部照明。理想的办公环境应避免反光所产生的光污染，不同功能空间的照明重点应有所不同，经理室的照明要重点考虑工作台的照度、会客空间的照度及必要的电气设备；会议室的照明应考虑会议桌上方为主要照明，周围可加设辅助照明；以集会为主的多媒体演示、演讲区照明，可采用顶灯配以台前安装的辅助照明，并使平均垂直照度不小于300lx。

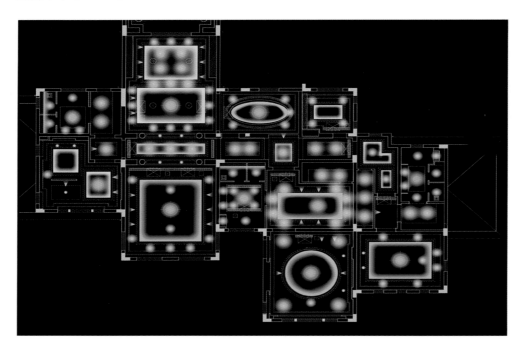

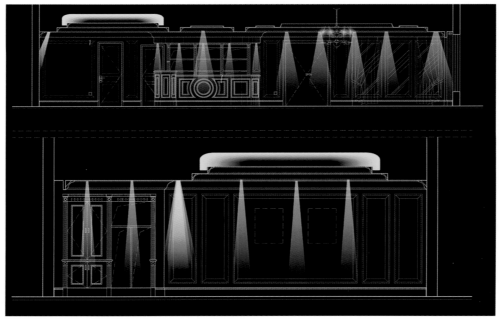

照明设计方案

作业与思考

　　1．办公空间设计流程是什么？

　　2．选择一套办公空间室内设计图进行分析，

并绘制系统关系图。

第三章 **3**

项
目
引
申

Chapter

PROJECT EXTENSION

第三章 项目引申

项目一 商业办公空间设计案例

（一）设计定位

1. 项目背景

本案为某联合银行总部大楼精装修的招标项目，项目定位为甲级金融写字楼，总建筑面积37,000平方米，框剪结构，地上17层面积约为27,000平方米，地下2层面积约为9,400平方米。设计范围包括银行总部大楼室内整体布局(除去地下室部分，但含地下室电梯前室、保险箱接待区)、所有楼层的公共区域及办公区域、楼层间花园部位、电梯前室、电梯内部等区域的二次装修设计。

设计师须根据业主提供的项目建筑设计文件、室内装饰装修设计要求及相关资料，完成初步方案设计，并提供设计图纸，效果图、设计理念、设计说明及投资估算。经专家评审后，选取最佳方案进行平面布置的调整和公用部位的调整，并在此基础上进行室内深化设计（含设计概算）、施工图设计，编制工程量清单及施工图预算，提供材料优选清单等。

2. 市场调查

本项目为一沿海经济发达城市的地方性股份合作制银行总部大楼的二次装修设计，设计定位为甲级金融写字楼。该行大楼位于城市的中心区域，地理位置优越，商业氛围浓厚。大楼的建筑设计风格简洁，拥有高科技感的外表和冷峻的表情，现代感极强。整个建筑平面呈"工"字形交错，既稳定又富有变化。

通过与业主单位项目负责人的深入交谈，了解到该行的前身是地方性农村信用联合社，其主要客户来源于农村。但由于其所

处区域经济发达，城市化程度较高，且乡镇企业众多，2005年，银行依据自身发展的需要，改制为股份合作制社区性地方金融机构，实行决策、执行、监督相互制衡、相互支持的一级法人管理体制。该行坚持"立足三农，服务社区"，围绕"以市场为导向、以客户为中心、审慎经营、稳健发展"的经营理念，通过与国外战略投资伙伴的资本及技术合作，不断提升核心竞争力。该行近期的发展目标是本着做"小"、做"散"、做"精"的原则，通过细分市场，力争成为一家真正的"精品零售银行"和"专业个人银行"。

该行的主要特点是：组织结构精简，机制灵活，管理精细化、制度化和信息化，金融产品有不断的创新，员工本地化程度较高，对辖区内的社会、经济等情况比较熟悉，且营业网点密集，主要面向个人、小企业和微小企业实施金融服务。近年来，该行始终保持较高的盈利水平，是一家充满生机的地方性金融机构。

本次设计为该行的总部大楼。与分行作为特色化产品销售终端的定位有所不同的是，总行是全行的管理中心、服务中心和保障中心，为银行分支机构提供后台支持和全程监控。业主要求在秉承建筑设计的整体风格的基础上，对大楼的室内进行二次设计，体现其市场定位、经营理念，以及管理、团队、产品、服务、文化等方面的鲜明个性。

在设计准备阶段，设计师及设计师团队还参照业主提供的建筑图纸，进行实地勘查和测量，深入了解建筑现场的空间感受、具体尺度以及采光通风等，并做必要的影像、文字、数据资料的留存。收集相关规范、标准等，进行设计研究。收集相关设计资料，参观同类金融机构办公空间的设计，了解银行室内空间所具备的一般特征。考察装饰材料市场和家具市场，对可能涉及的装饰材料和办公家具的品牌、规格、价格等，作摸底调查，缩小选择范围。

3．银行的工作形态

工作形态决定办公空间规划的特点。在现代社会中网络化、信息化设备取代了传统的办公形式，衍生出新的工作形态，进而使办公空间产生了革命性的变化。

现代办公空间主要分为四种不同的工作形态，列表如下：

	空间开放程度	自主性	互动性	办公机构
蜂巢型（hive）	开　放	较低	较少	银行、行政、客服中心等
密室型（cell）	独　立	很高	很少	管理层、律师、会计师等
小组型（den）	组内开放	不高	很强	设计、研发团队、保险等
俱乐部型（club）	既开放又独立	较强	较强	创意、传媒、资讯等

银行是典型的采用蜂巢型工作形态的办公机构，这类工作形态所形成的办公空间具有以下特点：大空间集体办公，开放度高，自律性及互动性低，办公配置一律制式化、规范化，适合朝九晚五或者24小时轮班制的例行性、重复性高而不注重个性的工作。

（二）设计流程

1．设计理念

设计师及设计师团队通过对特定金融机构指导思想、经营理念、战略目标及企业文化的思考与分析，结合建筑本身的特点，确立了以"合"文化为核心思想内涵的设计理念，试图将现代银行办公大楼完善的使用功能、个性化的装饰氛围与内外延续的设计风格完美结合，创造出"个性鲜明、有竞争力、稳健发展"的现代化银行办公大楼新形象。

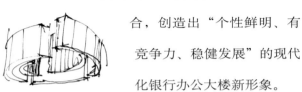

2．平面规划

在充分尊重原建筑设计的基础上进行二次平面规划，保留原建筑的优势部分，对建筑设计上存在的不合理分区，试图用室内设计的手法加以完善，使空间关系、功能分区和交通流线更为清晰，进而提高工作效率。

3．立面造型

通过对空间形态可塑性的研究，运用形式美的经验和法则，以"合"为文化内涵，相关元素为外延，进行立面造型的设计，强调空间功能与装饰造型的有机结合，树立银行"个性鲜明、管理精细、服务一流"的理性企业形象。

4．细节深入

细节决定品质，丰富的细节，透露出设计的趣味，恰如其分的设计细节能够提升银行在公众心目中的形象，也能增加机构内部的凝聚力，促进员工对企业的认同感，增强企业竞争力。

5．设计文件

设计过程中设计师应向业主提交的设计资料及文件包括：

序号	资料及文件名称	备 注
1	室内装饰方案文件及图纸（含设计概算）	
2	室内装饰初步设计文件及图纸（含设计概算）	提供电子文件
3	平面布置和公用部位方案调整	
4	初步设计（含材料、设备配置表、设计概算）	
5	设计范围内的给排水系统和电气照明系统的改造设计、消防烟感喷淋系统位置的改动及空调风口的位置调整图、各公共部位监控点位置图（含施工图及工程量清单）	须得到建筑设计单位的确认，提供电子文件
6	室内装饰装修施工图（包括平面、立面、顶面、剖面等装修节点详图及工程量清单）	提供电子文件
7	施工图预算及主要材料的优选清单	装饰材料小样 提供电子文件

6．设计跟踪

设计师及设计师团队在交付设计资料及文件后，应按规定参加相关设计审查，并根据审查结论负责对设计内容作必要调整、补充，并按合同规定的时限交付设计资料及文件，同时向业主及施工单位进行设计交底、处理有关设计问题和参加竣工验收。

在施工过程中需加强与业主的联系和沟通，如遇业主要求设计师或设计师代表参加工程招投标答疑等工作或工程协调会等，设计师及设计师团队成员应当配合参加；在施工期间发现有设计遗漏或设计差错，应立即对设计进行修改、补充，在施工过程中设计方必须委派设计代表及安装代表常驻施工现场，及时解决施工中发生的问题。

（三）设计表现

一般而言，室内设计的表现图包括CAD施工图、手绘及电脑效果图等。效果图主要采用透视的方法来表达设计，要形象、直观，更接近于自然状态下人眼所看到的一切。手绘效果图的表现手法和表现媒介多样，通常用于捕捉灵感，也可用作后期表现的一部分。电脑效果图作为设计的后期表现被广泛应用，其表现更真实，效果更绚丽，时代感更强。

CAD施工图主要采用二维的正投影的方式来表达设计，其元素有图示符号、数据、文字等，图面规范、严谨，专业性强。施工图采用的主要技术标准是国家和地方有关规范及强制性设计条文。施工图主要包括平面、立面、剖面、技术要求、安装节点图等图纸，并要求：

（1）对所有装饰部位的墙面、顶面、地面、灯具、照明等用材及品牌、规格及型号进行确认，对各材料的施工工艺进行确认。

（2）卫生间要求所有设备及水电暖全套配置。

（3）公用部位的门厅、电梯厅、楼梯厅、走道区域等要求画出详细的施工图。

（4）大楼中厅部位要包括灯具灯光控制设计。

（5）会议室装饰设计包括墙面造型、饰面及灯光、灯具配置控制以及会议室的家具选用等设计。

（6）所有未提到的公用部位的装饰设计。

设计师所提供的设计图纸均需经建筑设计研究院及审图部门、消防审查等部门审核通过方为有效。

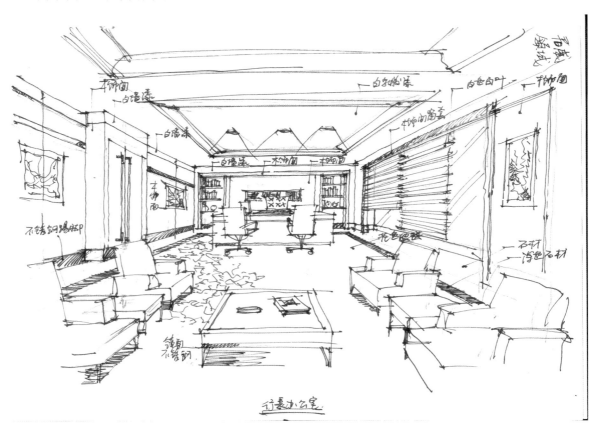

本项目草图构思阶段主要是采用手绘的表现形式，后期表现主要是采用CAD软件绘制施工图文档和3D软件绘制效果图。

（四）设计知识点

1．设计工具

室内设计的设计工具和表现工具种类繁多，大体可分为绘画和电脑两大类，不同的设计阶段所用的工具也不尽相同，列表如下：

	草 图	施 工 图	手绘效果图	电脑效果图
绘图工具	签字笔、钢笔、针管笔、美工笔、毛笔、马克笔、彩铅、色粉等	丁字尺、三角板、针管笔、画板、圆规、模板等	签字笔、钢笔、针管笔、美工笔、毛笔、马克笔、水彩、水粉、彩铅等	电　脑
纸质媒介	复印纸、新闻纸、硫酸纸、特种纸等	绘图纸、网格纸、打印纸	水彩纸、水粉纸、硫酸纸、打印纸、复印纸、特种纸等	照片打印纸
电脑软件	SKETCHUP	AUTOCAD	PHOTOSHOP	3DMAX、VRAY LIGHTSGAPE PHOTOSHOP

2．功能分布（主要楼层空间设计分析）

1F

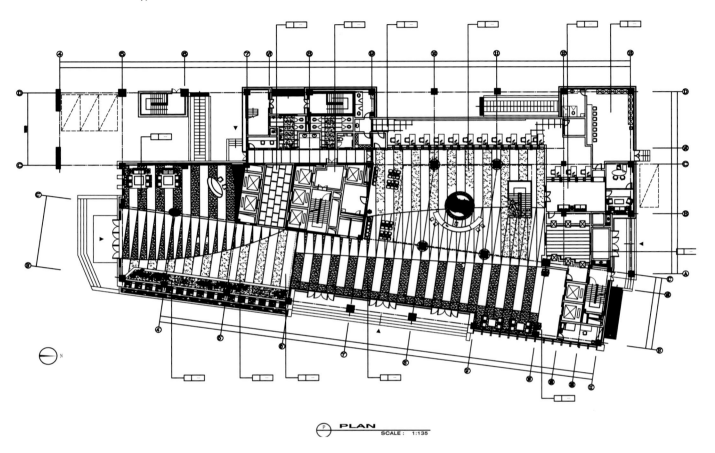

PLAN
SCALE：1:135

一楼承载着两项功能，一为银行对外营业的窗口，二为银行办公大楼的入口。设计将2/3的面积用于营业，另外1/3用作办公入口，面积分配合理，空间相互独立，以玻璃墙分隔，单独设置垂直交通，互不干扰，一脉相承的形式感和装饰造型又以音乐般的节奏和韵律，把两个空间有机地联系起来，充满了空间趣味，生动地体现了"合"文化的精髓，营造出大气、典雅、庄重的空间氛围，使之拥有细腻、尊贵的空间品质。

办公大厅 银行办公大厅由前台接待区、休息等候区、电梯厅和宽敞的通过性空间组成。办公大厅延续建筑的外形特点，通过地面石材的对位穿插，结合建筑外立面的抛物曲线，形成通往电梯厅的指导性图案，既暗合了建筑外形，也富有功能性的实际意义。

　　大厅右侧将室外的水引入室内，配以叠石、翠竹、雕塑，与左侧的服务台、背景墙相互衬映，营造出一种现代、雅致的空间意境。在大厅服务台区域将主背景墙设置成曲面折线布局，通过相叠加的垂直造型丰富空间的层次与序列，结合弧形的服务台形成环抱之势，使空间彼此呼应，相得益彰。将柱子处理成纵深向弧形柱，前方垂直凹槽内打灯光，使柱身变得轻盈、灵动，造型简洁的黑色真皮沙发更强化了空间的现代属性。

　　整个大厅纯净而通透，在单纯的现代造型下含蓄地透射出人性关怀。

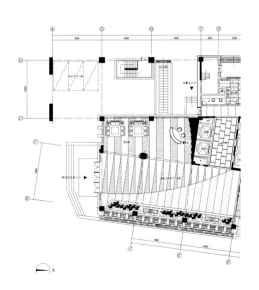

办公大厅电梯厅 电梯厅强化了垂直空间的向度，通过不锈钢线条的排列组合来暗喻银行严谨、干练的工作作风。顶部吊灯选用的装饰图案造型，象征联合银行企业文化中"聚沙成塔、百川汇海"的"合"文化内容。这一切为空间注入了企业文化的独特内涵和寓意。

营业大厅　营业大厅由大楼面宽处进入，中心挑高空间内设圆形聚宝造型盆，上方外圆内方的钱币吊顶造型配合意象性灯具，象征着银行财富与人气的积聚，四周圆柱擎天，体现银行坚实稳定的性格特征。营业大厅右侧设置透明玻璃楼梯，方便客户由大厅直接进入二楼对公业务区，楼梯背景采用透光印油玻璃装饰，下方布置山水景观，再次折射出"聚沙成塔、百川汇海"的"合"文化内涵。营业大厅中庭的浅灰色调与柜台的深灰色调形成对比，使大厅空间层次分明，凸显明快而不失稳重的空间性格。

公共卫生间　整体设计简洁大方，在满足功能前提下局部采

用了一些符号来表现银行的企业文化。

4F

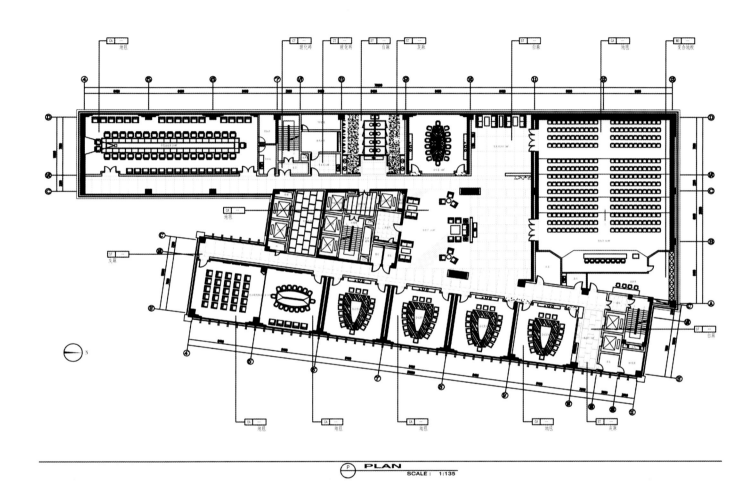

PLAN
SCALE : 1:135

报告厅 报告厅延续整个办公区域直线、折线的造型手法并加以强化，力图凸显理性、细腻的空间氛围。木质吸音板与石材、地毯与石膏吊顶之间的软硬对比、冷暖对比都在水平线条中获得统一，在视觉上形成统一而富有变化的空间格局。

休息区 位于报告厅入口附近，考虑到人群的疏散、聚合、等待及交流的需求，将该区域处理成一个人性化色彩浓厚的聚合场所。首先，对原有结构柱进行重新设计，将其改建成为斜面云石装饰造型柱，与吊顶的斜面装饰灯具上下呼应，增强了空间的活泼感，并成为了空间的视觉中心；其次，采用夹绢玻璃屏风结合地面材质，意向性地围合空间；最后，通过山水画、油画、雕塑等各种艺术品的点缀来提升空间的文化品质。

整个空间亲切而不失大方，活泼而不失高雅，充满人文气息。

小会议室 其空间的设计是对建筑外立面的垂直构架加以提炼，将其作为重要的装饰符号表现在室内的各个空间中，并通过材料的转换形成自己的特点。室内外空间气脉相承，风格一致。

9F

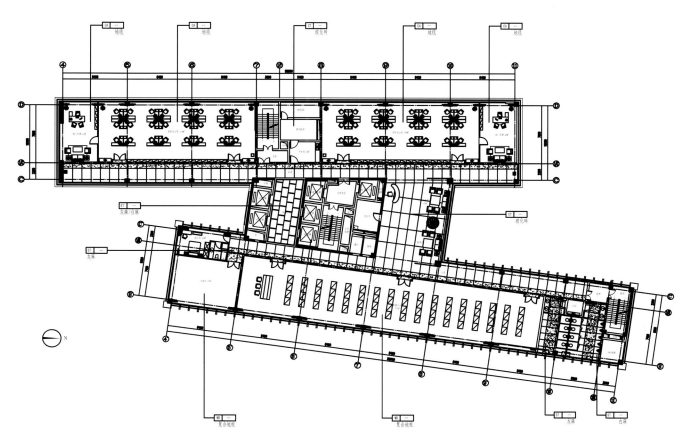

办公区 　以玻璃的通透和木饰面的亲切，营造出现代办公空间高效、透明的工作气氛，风格简洁、明快，透露出理性精神和人性关怀。为组团式空间定制的办公家具，强调实用性与持久性。办公区走廊干净、透亮，办公室入口作适当的内凹处理，结合灯光照明与艺术品陈列，既为单调、狭长的空间增加了层次与变化，也能带给员工愉悦舒适的工作心情。

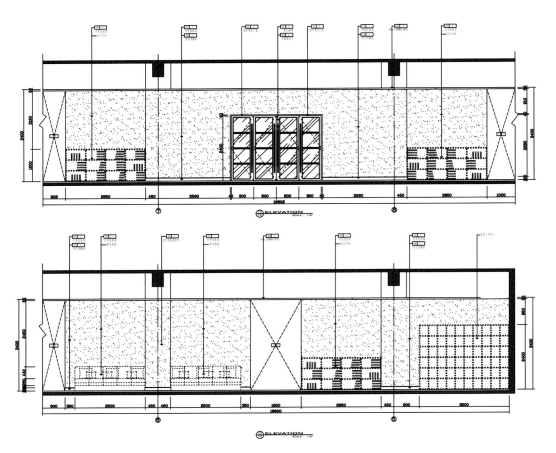

休息区　采用简洁明快的现代手法，通过直线块面造型与弧形服务台相结合，营造出富有现代办公特色的休息等候区域。半透明的屏风、木质的吊顶使整个空间既能保持通透又不失私密，大大增强了空间的归属感。

16F

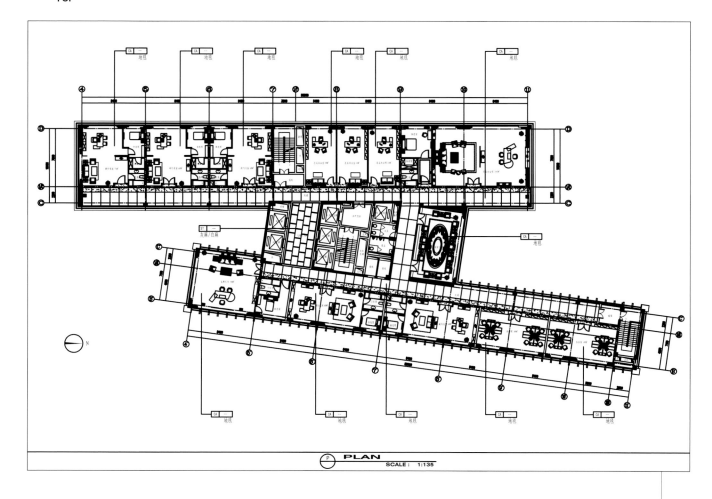

PLAN
SCALE: 1:135

副行长办公室　副行长办公室设计引入办公空间标准化、模块化的设计理念，将空间打造成舒适、高效的现代化办公场所。其风格以简洁、实用为主，采用定制的办公家具，最大程度体现其实用性和便捷性。

行长层走廊　在设计行长层走廊时，将办公室入口通过内凹形式呈现，并结合灯光造型加以限定，丰富了走道的空间变化，同时也减少了视觉干扰。色彩上采用红、白、银搭配，体现了空间含蓄、典雅的气质。艺术品的陈设为空间增添了几许文化氛围。

17F

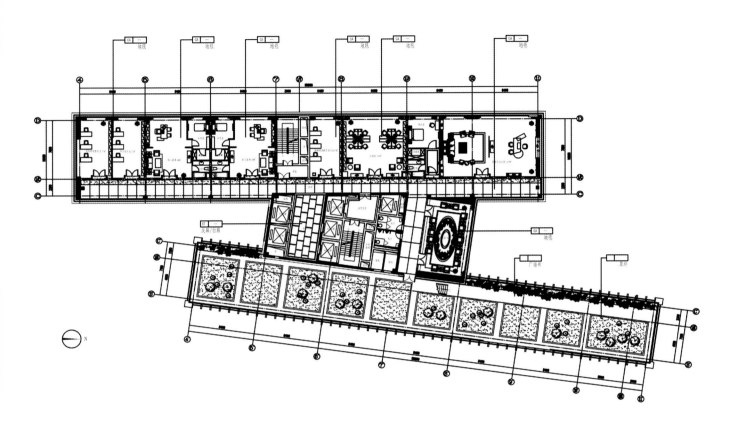

PLAN
SCALE： 1:135

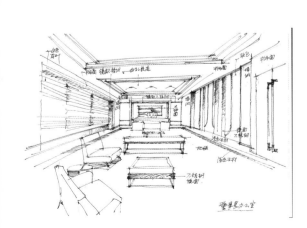

董事长办公室

董事长办公室　通过装饰造型将空间分成两个不同的功能区域。工作区域通过石材背景墙面隐喻企业坚实的产业基础、理性的工作态度、坚韧的创业精神。会客区域通过家具、艺术品和书籍来表达企业深厚的文化底蕴、敬业的服务态度和亲切的人文关怀。整个空间严谨、大方、典雅、稳重。

　3．空间组织（交通流线，空间序列，空间节奏等）

　银行的办公模式属于金字塔型的工作模型，该办公方式因工作方式较为独立，工作关系自上而下，等级分明，其办公空间表现为互不干扰的分隔独立空间，而且此类办公模式下层办公单元较多，上层办公单元较少，呈金字塔形，空间序列呈"开放－私密"渐变态势。

单层空间设计，以1F为例：营业大厅将服务台布局于人流必经的显著位置，并由此形成空间枢纽，客户通过服务台分流到各个服务区域，最大程度地减少了路线的重复，极大地提高了工作效率。与此同时，在充分考虑经济性和节能性以及功能完备性的基础上，将原有功能布局做了适当调整，增加了贵宾区的大额存取款柜面，并且此区域是独立的，可作为周末储蓄柜面使用。营业大厅在周末时间不使用，避免了周末因开放零星柜面而带来的整个营业大厅能源上的浪费，便于管理，也大大节省了使用成本和能耗支出。

1F营业大厅的空间序列采用"收－放－收"的"品"字形结构，既稳定又富有变化，地面材质的铺装极富韵律感，充分体现了空间的节奏感与音乐美。

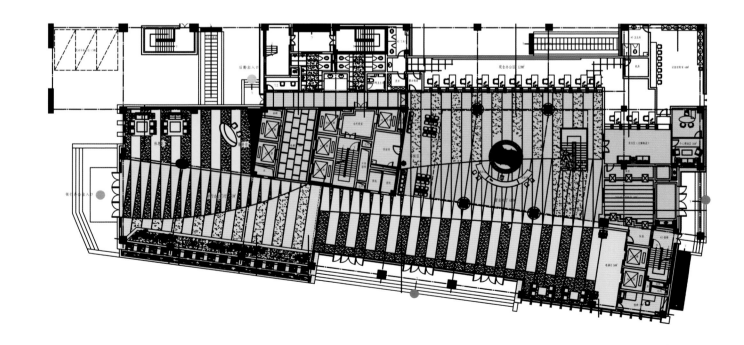

4．材料工艺

室内设计中材料的运用十分丰富，不同的场所性质、功能分区，工作特点决定了室内材料的多样性，也决定了室内空间的表情。联合银行的办公大楼设计所用的主要材料如下：

功能区域	地　面	墙　面	顶　面	备注
1F 办公大厅	灰麻、白麻、树挂冰花、砂岩荒料(局部)、白鹅卵石(局部)	灰麻、白麻、不锈钢嵌条、白玻、印油玻璃	铝板	
1F 营业大厅	灰麻、白麻、树挂冰花、黑金花(水台)、白鹅卵石(局部)	白麻、不锈钢嵌条、白玻、印油玻璃(楼梯)、红橡木饰面	石膏板	
4F 休息厅	灰麻、白麻、块毯	灰麻、不锈钢嵌条、红橡木饰面、人造云石、夹绢玻璃（局部）	石膏板、条形铝板、透光板(局部)	
4F视频会议室	块毯	印油玻璃、有机板、红橡木饰面(局部）、不锈钢嵌条\踢脚	石膏板	
4F 小会议室 中会议室	块毯	红橡木饰面、树榴饰面板(局部) 、不锈钢嵌条\踢脚	石膏板、透光板(局部)	
4F 报告厅	块毯	条形吸音板、红橡木饰面、灰麻、布艺硬包(局部)	石膏板、条形吸音板	
6、7F贵宾会议室 贵宾接待室 高档会议室	羊毛地毯、深啡网(局部)、帝皇金(局部)	红檀木饰面、树榴饰面板、刻花不锈钢嵌条、不锈钢踢脚	石膏板、透光云石(局部)	
16F 副行长办公室	块毯	墙漆、水曲柳混漆踢脚	矿棉板、石膏板(局部)	
16、17F领导办公层走道	块毯	红檀木饰面、布艺硬包(局部) 、不锈钢踢脚	石膏板	
16、17F 董事长、行长办公室	羊毛地毯	红檀木饰面、水曲柳混漆(局部) 、爵士白(局部)、不锈钢踢脚	石膏板、红檀木饰面(局部)	
电 梯 厅	灰麻、白麻	灰麻、白麻、不锈钢嵌条、拉丝不锈钢、亚克力	印油玻璃、纸面石膏板	
办公区走道	玻化砖	白麻、不锈钢嵌条、白玻、印油玻璃(楼梯)、红橡木饰面	石膏板	
部门办公室	块毯	墙漆、水曲柳混漆	矿棉板、石膏板(局部)	
标准层休息厅	玻化砖	灰麻、不锈钢嵌条、水曲柳混漆、纱(局部)	石膏板、红橡木饰面(局部)	
公共卫生间	防滑地砖	灰麻、白麻、玻璃马赛克(局部)	石膏板(局部)、铝扣板	

银行的室内设计从用材上来看，公共服务空间的墙地面以石材、木材为主材，办公、会议空间地面铺设地毯，墙面施墙漆，顶面以石膏板和矿棉板为主。在装饰美观的同时兼顾实用性和耐久性，很好地诠释了设计意图。

石材施工 在进行石材工程的施工时，首先要确保石料本身不得有隐伤、风化等缺陷，其次在安装时要检查底层或垫层是否铺设妥当，并确定线条、水平图案，还要加以保护，在底层、垫层达到初凝状态前施放石料。用浮飘法安放石料，并进行平面的均匀固定，令灰浆至少养护24小时方可加填缝料。用勾缝灰浆填缝、填孔隙，用工具将表面加工成平头接合。待材料硬化之后，使用非金属工具清洁有尘表面。

木材施工 选择烘干或自然干燥后没有虫蛀、腐节等缺点的木材进行施工，所有基层木材均应满足防火要求，严格按图纸施工，核实尺寸，凡原设计节点不明之处需补充设计图，经设计师同意后再实施。木材的加工要特别注意转角的衔接和对位，造型应精致，做工应精细，要忠实地表达设计。一般而言，除特别指出的装饰之外，所有柜之内部装饰，包括活动层板都应涂上二度以上清漆使其光滑，且应根据设计要求进行必要的补色等工艺。

装饰五金施工 所有装饰五金必须防止生锈和沾色，在完成安装后，所有的五金器具都要检查，确定是否可以操作，还应做好擦油、清洗、磨光等工作。

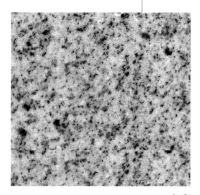
白麻

灰麻

红橡木

红檀木

5. 灯光照明

　　办公空间白天的使用率最高，无论从光源质量还是从节能出发，都宜多用自然光，但是自然光是不稳定的光源，随着时间、气候的变化，自然光的质量差异很大。因此，办公空间的采光通常根据办公功能的需要，在充分利用自然光的同时，结合人工照明，保持稳定、合理、舒适、健康的光环境。办公空间通常采用偏冷的光色，色温常在4,200～5,300K，较接近早晨的照明，以保持冷静、清醒的头脑。光源常选用日光色荧光灯，或4,200K以上的三基色荧光灯，局部配合使用筒灯。在整体布局中往往使用散点式、光带式和光栅式格栅灯具来布置灯光。

　　银行办公空间的顶面有规律地安装格栅嵌入式节能照明灯，使工作面得到均匀的照度。均匀的照度能使人精神集中，轻松识别所从事的工作细节，同时消除或适当削弱那些会造成视觉上不舒适的因素，从而提高工作效率。

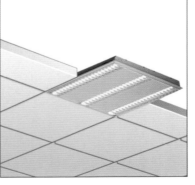

办公建筑照明标准值：

房间或场所	参考平面及其高度	照度标准值（lx）
普通办公室	0.75m水平面	300
高档办公室	0.75m水平面	500
会　议　室	0.75m水平面	300
接待室、前台	0.75m水平面	300
营　业　厅	0.75m水平面	300
设　计　室	实际工作面	500
文件整理、复印、发行室	0.75m水平面	300
资料、档案室	0.75m水平面	200

※《建筑照明设计标准》2004版。

6．家具陈设

办公家具是办公空间的最基本构成要素，也是营造空间的重要砝码，无论是业主还是设计师都很重视。银行办公空间选择优质的办公家具，不仅能提高工作效率，更能提升企业的整体形象。

现代办公家具主要是板式类家具，按照材料来分，可分为实木、胶板、软包和钢材等四大类；按照形式来分，可分为桌、椅、屏、柜等四大类；按照组团来分，可分为系统家具（ISF）、DA办公桌和人体工程学坐椅。系统家具（ISF）是将办公空间内各种家具整合成为系统，包括联结屏风、高隔断办公桌、管线配置、照明等；DA办公桌是源于自动化理念的一种专为现代数字化办公设备提供工作平台的家具；人体工程学座椅是从人体工程学角度出发，专为办公室工作人员长时间伏案工作所开发的坐具。椅子正是以往的办公家具所忽略的，而事实上椅子比桌子更为重要，它承载一个人的重量并要维持8小时的顺利工作，如果设计不当，甚至可能造成某些方面的疾病。现代办公家具在质量和舒适度都有了明显的改善，办公家具的选择不仅要注重品质，还要考量安全性、持久性等基本要求。

在集合式的开放办公空间中，设计师主要考虑灵活有效的办公单元对于提高工作效率，加强团队的合作精神所起到的促进作用。办公家具一般选择多样式的系统家具，可互相搭配运用，使用者还可依照自己的喜好来增加组合功能。在领导的独立办公空间中，应主要考虑角色的个性需求，并以家具的款式来区分身份和地位。

办公家具除了制式尺寸以外，还可依据办公空间的场地特征去订制，这样不仅能充份利用空间，更能按使用性质选择特定规格，使办公家具富有弹性，更具有多变性。办公色系搭配选择，可依现场环境感觉、个人喜好等，作整体搭配，使办公环境更整体更完整。办公家具因规格、款式、颜色等的标准化生产，具有模式统一的优势，能有效减少因搬迁、添加新家具所带来的零件短少或无法组合的困扰。办公家具多样化的组合、全功能的搭配、设计完美的外观、成就了整洁美观的办公环境。

办公家具的发展方向是风格简约并具有模块化概念的系统家具，新型办公家具关注使用者、信息设备、办公家具间的互动关系，人与设备、与家具的亲密关系就是办公生活形态研究的重要指针。主管区、职员工作区、会议区及接待区等区域办公家具的模块化结构，可以拆分、扩展和连结，按需要重复使用，不但降低了家具的重置成本，而且可满足各种办公需求，以取得空间一致的简约和协调。

室内陈设是室内环境的再创造，体现了对企业员工的人文关怀，从一个侧面反映了企业的文化和品味。办公空间的室内陈设品应选择符合空间拥有者的身份地位、审美趣味的物件，并与室内整体风格相协调。陈设品的布置应遵循形式美的法则，使构图均衡，主次分明，突出重点，起到锦上添花的作用。

7．工程预算

工程预算一般由设计单位、施工单位根据设计方案进行编制，由业主方审核，双方达成共识，认定为工程项目的经济结算的依据，并以合同的形式确立下来。工程预算书主要包括三项内容：工程预算说明、分项目预算表、工料分析。

以银行的部门经理办公室为例，工程预算列表如下：

序号	项目名称	单位	数量	单价	合计	备注
1	十一十四层（标准层）					
2	部门经理办公室×2间×5层					
3	地面地毯满铺	m^2	789.8	180	142164	
4	木质踢脚线	m	259.2	45	11664	
5	墙面墙纸裱糊	m^2	2592	120	311040	
6	轻钢龙骨石膏板造型吊顶，白色乳胶漆饰面	m^2	789.8	180	142164	
7	木质窗帘套	m^2	36	250	9000	
8	木质窗帘盒	m	49	90	4410	
9	铝合金玻璃隔墙	m^2	120.9	650	78585	
10	成品木门1000mm×2000mm	樘	5	1880	9400	
11	筒灯	个	8	85	680	
					709107	

项目二 综合型办公空间设计案例

综合型办公空间设计是针对某些特定的企业或某些特定的人群的设计，综合型办公空间是在具有办公功能的基础上同时还兼具其他特定功能的办公空间，如兼具展示、聚会、餐饮、娱乐等功能，空间功能界定相对比较模糊，但其功能是以办公为主，其他功能是辅助功能。企业设置综合型办公空间是为了在满足办公需求的同时更好地体现企业形象、企业文化、企业品牌，综合型办公空间是企业为办公而设立的辅助空间。综合型办公空间的设计是在常规办公模式的基础上创造出来的有企业特色，表现企业个性的办公综合体。

案例设计定位 在设计办公空间之前要有针对性地进行设计定位，办公空间设计的形象定位要通过了解企业的类型和企业的内在文化特征来确定，不同的企业有不同的企业文化与发展背景，只有这样才能设计出符合企业风格和企业特征的办公空间，也能更好地配合企业的管理机制。室内设计的空间塑造是通过"空间、色彩、材料"等室内设计元素来表达的。在满足基本功能的同时，办公空间设计还要与企业的文化、公共形象、管理机制等相结合。办公空间传递给来访者的是企业的文化和特征，同时办公空间也要让员工对企业文化有认同感。不同的企业形象对办公空间设计的风格定位起着决定性的作用。

（一）可行性调研

在设计办公空间时要针对综合型办公空间的场地环境、业主需求、目标定位进行可行性调研。

1. 场地环境

场地环境包括建筑外部环境和建筑内部环境。场地的外部环境是指地域文化、建筑环境、建筑特征。一个关系到特定文化及

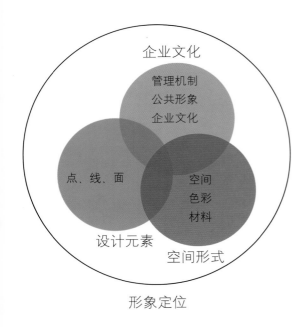

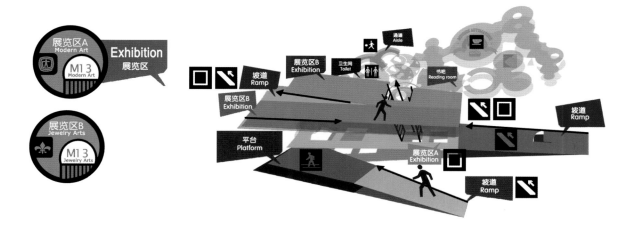

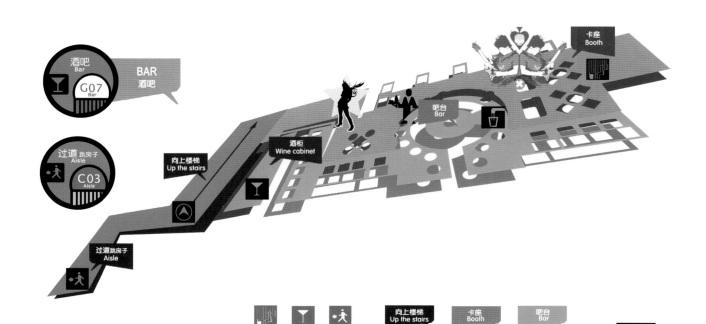

社会机制、工作方式、行为规则的建筑外部环境，即便有某些细节的改变，对我们的设计都有着极其重要的影响。场地的内部环境是指建筑的原始空间，我们要善于利用建筑中的某些内部空间特征进行规划设计，分析原始建筑不同空间的优缺点，有目标、针对性地进行设计。

　　该建筑坐落在美丽的西子湖畔的之江旅游度假区内，建筑面积超过1200m，建筑外部环境具有大城市的繁华和美丽西湖的宁静，建筑外观具有现代主义风格，体现了密斯"少即是多"的设计精髓。

2．使用者要求

业主需求是在设计过程中进行设计定位的一个重要的参考方向，业主所提出的要求和设计师的设计相结合才会得出最佳设计方案。现结合本案例将空间定位分析如下：

（1）确定使用者。

① 个人或群体	个人活动空间及群体活动空间
② 使用人数	员工人数35～45人，沙龙会客人数约80人
③ 年龄层次	23岁～45岁为主

（2）确定需求。

① 群体活动空间需求	符合工作流程需要，提高工作效率，空间具有艺术性
② 个体活动空间需求	符合个体审美需求，提高工作效率，有私密性
③ 特定空间需求	餐饮空间具有艺术家工作室特色，符合工作需求

（3）个体要求。

① 风格喜好	现代风格，简洁为主；严肃设计中体现活泼和人性化的一面
② 喜爱事务	
③ 颜色喜好	紫、红、蓝、清灰
④ 个人爱好	设计、绘画
⑤ 私人空间	
⑥ 特殊要求	设计具有聚会、展示、艺术沙龙的功能

3．目标定位

"集盒创意"是杭州的某家居生活馆室内设计方案，企业定位是一家集室内空间设计、定制成品家具设计、室内陈设软装设计为一体的创意企业，是几位80后青年设计师为共同的艺术理想和设计理念而组建的创意企业。企业创立的目的是打造新型一站式装饰设计机构，构建新型的装饰设计工作形式，打造在创意工作室中可以完成室内空间设计，并为设计空间定制配套的家具与陈设品设计的一站式服务，为客户"量身打造"富

CHILDHOOD Design: Double CC
icon of public instruction
公共指示图形化

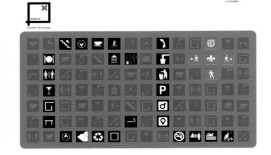

有个性的时尚空间。在创意工作室中还提供了大型的交流平台"集合会",是设计交流和艺术品交易的平台,为设计名家、名人名流提供交流创意平台;也是企业客户和潜在客户的交流场所,为高端群客户提供会员制服务,提高企业的影响力与社会知名度。该创意工作室所针对的客户群定位在高端客户群体,目标是为高端客户打造高品位、具有艺术特色的室内空间。

该办公空间的功能定位主要是在办公功能的基础上兼具展示、会客、餐饮娱乐等功能。从设计的理念到实施都采用全新的创意方式,设计者为了打破长期以来人们对办公空间严肃、呆板的印象,加入了一些办公以外的辅助功能,计划营造出超越办公概念的空间,设计体现了青年设计师以工作为主,休闲、娱乐、交流为辅的设计主题,体现了80后新生代在快乐中工作、在工作中快乐的工作与生活态度,也体现了设计者全新的设计理念。此办公空间又兼具设计展示、设计交流的作用,旨在树立企业的品牌形象,展示企业文化。室内设计风格定位为建筑的现代主义风格,体现了设计师成熟稳重的心理特质,灵活的空间组合和简洁有趣的导视系统体现了设计师活泼的一面。

（二）设计分析

设计构思："集盒创意"是将办公、展示、餐饮融于一体的艺术空间，"集盒"的意义之一即为它强调的是企业的团队精神，是企业运营理念的体现，"集盒"就是有"集合"设计精英，打造优秀设计团队之意；意义之二是希望汇聚社会精英客户群体，为他们提供良好的交流平台，树立企业的品牌形象；意义之三是体现了建筑设计风格和室内设计风格的延续性，设计采用现代主义简洁的设计手法，用box的空间组合形成简洁、多变、自由的艺术空间。

（1）平面规划：平面规划是是室内设计的基础，作为办公空间的设计，空间的尺度或相关设施方面都有其专业性和特殊性。因此，功能的合理性是办公空间设计的基础。只有了解企业内部机构功能才能确定各部门所需的面积并规划交通流线（见右图），线路设计要求一是顺序性，二是简短便捷性，三是灵活性。在本案平面规划中，客户进入办公区需穿过一个很幽静的内庭院，一楼定位为具有接待、等候、会客、展示、茶水间等功能的开放外空间，是体现企业硬实力、展示企业文化的开放空间；二楼定位为设计办公、洽谈、会议、阅读、文印等空间，是企业员工办公为主的内部空间，是企业的核心部分；三楼定位为餐饮、娱乐、交流的休闲空间，面向高端客户群、知名设计师提供各类主题活动、商务会议、私人派对等。

（2）立面造型：立面构图是空间构图的最基本点，立面造型通过色彩、材料、配饰等形成空间的构成感。"集盒"的整体色彩为富有张力和动感的白色，整个空间设计以简洁的线条和几何造型为主，直线是空间主要的元素，直线的交错穿插形成的空间变换形成空间韵律感，上下空间通过简洁的楼梯造型融为一体。踏入正门，一条发光的灯带贯穿整个三层楼，引导人们来到纵贯三层空间的楼

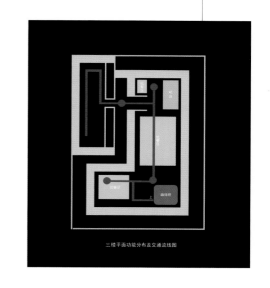

三楼平面功能分布及交通流线图

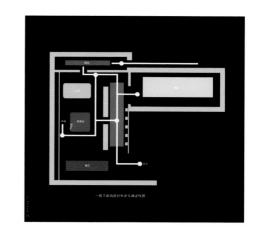

一楼平面功能分布及交通流线图

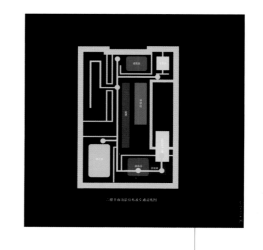

二楼平面功能分布及交通流线图

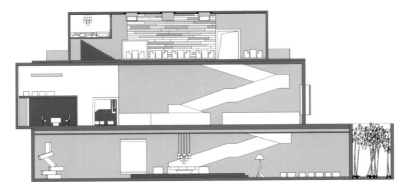

建筑剖面图

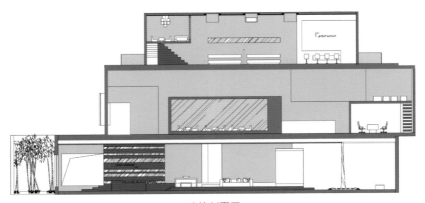

建筑剖面图

梯前，指引来访者徜徉在设计者精心规划和布置好的流通空间中。采用持续发光的荧光灯管，将它们交错成垂直的图案，使空间更富有活力和灵动感。大块面几何型墙体的运营，使空间具有优雅和现代感，具有幽默感和情趣感的导视系统指引人们徜徉在整个具有艺术氛围的空间中，给人一种强烈的构成感。

（三）机构设置与办公空间的整体规划

办公空间设计机构的设计是根据企业性质的具体需求而定的。办公空间的空间尺度或者相关设施都有其专业性和特殊性。功能合理是办公空间设计的基础，只有了解企业内部机构才能确定各部门所需的面积并规划好人流路线。

办公空间机构设置基本是按照对外和对内两种职能需求。在本案例中由于使用功能不仅包括办公还兼具会客、展示、餐饮的功能，对外的职能区域包括前厅、休息接待区、等候区、会议室、餐饮区、展示区等。对内的职能区域包括员工工作区、内部洽谈区、文印室、资料室及设备用房等。

1．公共区：前厅、休息接待区、等候区、展厅、会议室、交通空间

前厅是公共区域最重要的组成部分，是向来访者展示企业形象的第一区域，是体现企业文化形象的重要场所，为来访者提供咨询、休息等候等服务。同时前厅也是办公空间内部空间和外部空间联系的枢纽。前厅设计包括背景墙、服务台及导视系统等。如不设置服务台，则要设置必要的导视系统，为来访者提供明确的交通流线。休息接待、等候区主要是为来访者提供休息及等候的区域，为客人提供舒适的等候环境，同时为客人提供茶水、咖啡等服务。展厅是对外展示形象的空间，是宣传企业发展水平、企业凝聚力的场所。设计师在设计时要注意空间的展示效果。由于本设计的对象为室内设计公司，所以展厅是表现公司设计水平的重要场所，是本设计的重点设计空间。交通空间包括公共走廊、楼梯和电梯等部分，是整个办公空间的联系纽带，不仅有交通联系的功能还在整个办公空间设计中起到设计延续的作用。

展厅是展示设计公司设计能力的窗口，设计者利用空间分割、灯光、水体、地面铺装等装饰形式将展示空间的展示效果与自然特色融为一体，突出了该空间的地域特色，走在展厅仿佛徜徉在美丽的西子湖畔。

交通空间是本空间设计的设计亮点之一，
通过富有雕塑感的楼梯台阶将三层楼融为一个
整体，让人们站在每级台阶前都会对空间有不
同的理解，形成强烈的"流动空间"的感觉。
楼梯扶手在空间中形成长长的纽带，简洁的造
型给人以很强烈的空间延伸感。

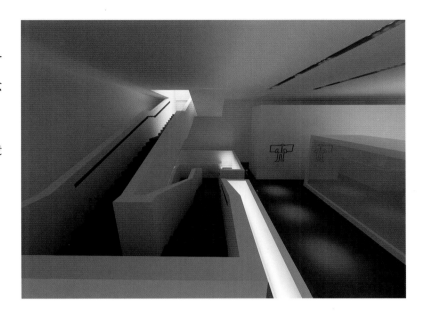

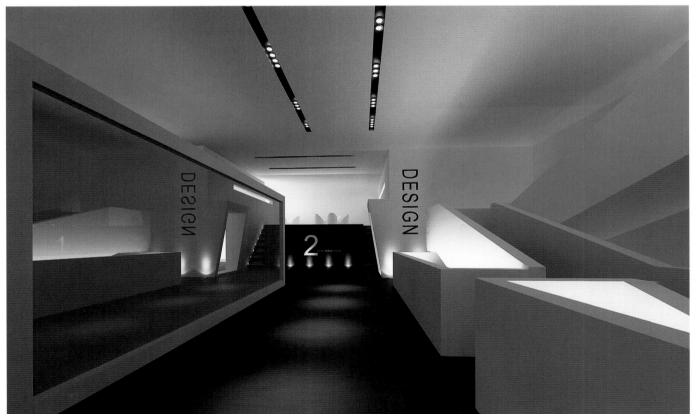

会议室兼具了会议功能和设计交流功能，设计者利用富有童趣的导视系统将会议区与交通区进行划分，高大开阔的空间给人以想象空间，在会议室内进行交流的人置身这样的空间必将发挥自己的创造性思维，使优秀的设计产品不断出现。

2．工作区

工作区是办公空间的主体结构，是整个设计的核心所在，根据工作级别、工作性质、私密性等因素可确定工作区的办公类型，根据空间类型可以分为独立式办公室、开放式办公室两种。平面布局应根据部门种类、人数要求、部门之间的协作关系进行划分，提高企业办公的工作效率。

办公区选择了本设计中最明亮的空间位置，自由组合的家具增加了空间的情趣感，黑白对比的色彩让人们在单纯的色彩关系中找到人们对世界最原始的认识，整个空间给人以宁静自然的感觉。富有特色的楼梯连接了工作区与设计讨论区，让整个空间达到最佳的利用效果。

3．配套设施：卫生间、开水间

卫生间、开水间是作为办公空间的配套设施提供给使用者的。在设计时要考虑使用人员数量以及交通的便利性。

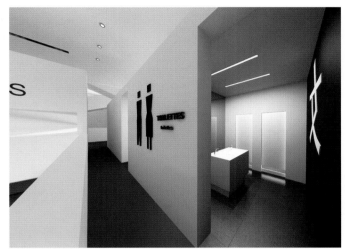

4．后勤服务区：餐饮区

后勤服务区的目的是给工作人员提供休息、交流的场所。在本设计案例中此区域主要是给设计人员及外来人员提供一个休息、交流的平台。

餐饮区是本设计重点强调的区域，因为该空间兼具设计交流之用，是设计师聚会交流的场所，也是展示和宣传设计工作室的重要途径之一。灯光、色彩、导视系统是该空间的主要设计内容，设计者利用一如既往的简洁线条勾勒出富有特色的餐饮区。

5．服务区：档案室、资料室、图书室、打印室

服务区是为办公工作提供服务的具有辅助功能的空间。

（四）办公空间设计的重点与难点

办公空间在每一个时期都是体现创造性的交流场所。所有的办公空间设计风格都要与企业的商业策略保持一致，并以帮助使用者有进一步的发展为主要目的。办公空间设计区别于其他商业空间设计的重要原则就是要研究在室内长期工作的人们的日常行为，掌握人们的工作特征和个人心理，要能提高工作人员的工作效率。当今社会科技变化日新月异，也意味着新的工作管理模式和新型工作方式将出现。综合办公是一种新兴的办公形式，研究新的工作流程、新通信技术和工作环境对于我们从事综合办公空间的设计至关重要。每一个办公空间都具有特有的功能性，评判办公空间设计成果的优良与否的标准在于，设计除了要具有美感并能较好地划分空间外，还要使各种装饰材料都符合办公所需要的技术要求。

在进行综合性办公空间的设计时，首先要集中体现办公空间的整体特色，但不要忽略了办公空间的主体功能性，要围绕办公核心方式而展开，其他的设计功能是为办公服务的，办公功能才是整个空间的核心功能。其次，办公空间设计风格要体现企业的类型特征，由于服务对象的层次不同，其办公空间所体现的风格特色也会有所不同。综合性办公要体现个性，要具有自己的鲜明特色，要能显示其行业发展的特征。

作业与思考

1．办公空间设计之前要做哪些调研活动？

2．办公空间功能布局的原则是什么？

第四章

作品赏析

Chapter **4**

WORKS APPRECIATION

第四章 作品赏析

红牛公司总部设计

红牛公司办公室设计肩负着品牌建设和地位建立的双重目标。通过精致的室内空间设计给员工和来访者提供视觉和精神的享受，营造出互动的氛围，空间的设计有利于红牛公司举办各种不同的活动。整个设计体现了设计师活跃且富有动感的设计思维，充满着童趣感的循环系统由移动的滑梯组成，充分展现了空间的自由度。设计师成功地开创了一个开放、高效、动态和互相连接的工作空间。顶层是一个大的公共区域，包括接待处、酒吧、咖啡室、正式和非正式会议区，还有一个主要的会议室，具备了工作及工作以外的休闲功能，整个设计具有实足的人情味。整个空间运用富有动感的线条和曲线并

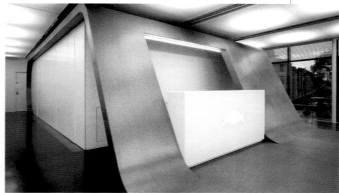

结合溜冰人物、滑雪板、赛车和自行车等图案，象征着红牛的品牌是专营运动饮品的企

业，也体现了整个企业深厚的企业文化和企业特征。

大众银行

　　银行是为客户提供优质金融服务的场所，流畅的交通流线在银行中起着尤为重要的作用，能促进和提高工作效率。组织流畅的室内流线空间是设计师设计本方案的设计重点。在设计过程中利用多个设计元素来强调这一体征，采用不同颜色的石材拼接成富有韵律和动感的集合图案，以大波浪式的图案使空中走廊的地拼充满动感。整体空间采用交错穿插的空中走廊，将空间分割成富有动感的空间，使人在不同的高度可以欣赏空间中的韵律之美。大会议室的饰面材料主要以木材为主，色彩活泼的坐椅和音效及顶面的

造型形成鲜明的对比。本方案多处采用对比的设计手法，在"动"与"静"之中达到一个平衡点，让员工在紧张工作的同时得到一定的松弛，在工作中得到必要的休息。

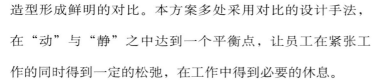

Menzis

位于荷兰Groningen的Menzis健康保险公司新大楼，是由三个相同的棱形单元水平旋转90度构成，每个单元为4层，共计12层高。三个单元通过垂直中庭的串连，顺势生成螺旋状楼梯，使内部空间更为灵动，韵味十足。褐色的卷草纹的壁纸与螺旋楼梯交相辉映，其设计风格与充满动感的楼梯相互呼应。

大楼的中庭直线分割了每一层或开放或封闭、或光线充裕或遮阳充分的特色空间。中庭又成为了实质上的光井，光线能畅通无阻地投进大楼，增强了大楼的通透感，营造

出一种舒适轻松的环境。

　　大楼的一楼是公共场所，设有服务台、保险服务柜台和卫生保健中心。保险服务柜台的工作区由管状物呈高度渐变半围合而成，极具构成感，充满设计趣味。医生诊室和其他咨询室则设在同楼相对比较私密的区域。三楼和四楼设有会议室、图书馆、培训室、礼堂和餐厅。其空间具有一定的可变性，根据需要，餐厅还可以成为会议厅的延伸。加宽的楼梯，使得大流量人群能轻松地穿过中庭到达餐厅和会议中心。

Parramatta justice building

　　司法建设部新大楼位于新南威尔士州，容纳了总检察长和其他几个政府部门，下面两个楼层专门面向公众提供法律服务。整个平面布局自由、开放，目的是与外部空间有更好更快的连接，提高来访人员的工作效率。要实现这一目标，设计师设计了大面积的来访人员接待空间。

建筑是新南威尔士州首个政府大楼，设计和施工旨在实现五绿星级环保建筑。遮阳板更多地阻隔了阳光，从而达到了节能环保的效果。入口大厅是一个两层高的公共空间，展示了加里卡斯利艺术品。简洁的线条、柔和的色彩搭配、和谐的光线配置，是该

设计的主要设计手法。设计师采用现代简约的设计手法，利用木饰面、木纹石、玻璃、金属等材质将空间组合成简约并富有张力的空间，服务台背景画和翠竹的应用给整个空间增加了一份自然清新的感觉，可让员工和来访者怀着轻松愉快的心情在此工作和办事。设计师在设计过程中将一些办公室外挂在高耸的共享大厅上，让在其中工作的员工有新奇的空间感，能在不同的角度俯瞰整个共享空间。

月光宝盒

该设计坐落在台北的新城区，是由大陆工程公司设计建造的，大堂和走廊毗邻繁华的街道。

建筑入口大厅地面采用水体和镜面大理石组合的方法，公共服务台区利用石材的肌理，结合流水效果，形成了动静结合与黑白对比的视觉效果。锯齿形富有情趣感的楼梯将公共区域和二楼私密区域分成两个空间，二楼从天窗透射下来的自然光照射在楼梯和走廊上，创造出和谐的光影效果。

本设计的装饰形式具有很强的雕塑感，宽敞的两层共享大厅四周墙面采用曲折多变的木饰面造型，设计利用对比的形式将空间围合成富有视觉冲击力的艺术空间，白色大理石台阶将人们引导到洽谈区，与周围黑色的材质形成鲜明的对比，勾勒出强烈的视觉空间。

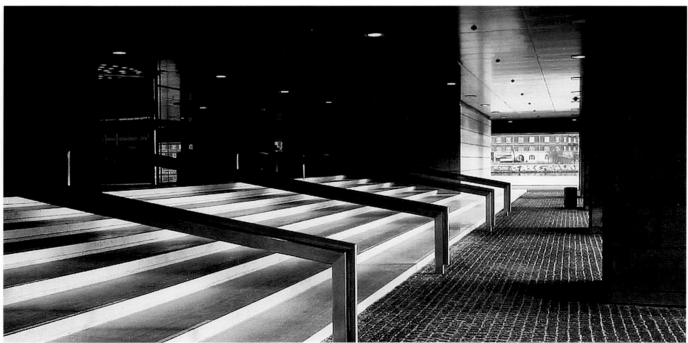

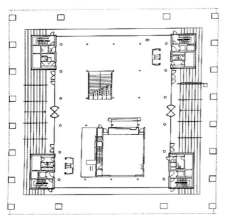

Planta baja

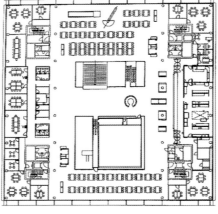

Planta primera

参考书目

1.《室内设计概论》 崔冬晖主编 北京大学出版社
2.《室内环境设计》 张青萍主编 中国林业出版社
3.《室内设计资料集》 张绮曼 郑曙 中国建筑工业出版社
4.《室内设计原理》 来增祥 陆震纬 中国建筑工业出版社
5.《室内设计思维与方法》 郑曙 中国建筑工业出版社

后　记

　　本书主要针对高职类的环境艺术设计专业的教学而编写，它既是笔者对于办公空间设计的理解和感受的书面呈现，也是对课程教学思路的一次梳理。从最初设立构想、构建框架、收集资料，到最后的整理交稿，历时约为半年。笔者将多年的教学经验和实际工程设计经验进行融会贯通，将自己的设计心得与体会收录于书稿中。案例部分的图片均取自实际工程文本，它们或是正在建设中的某高档写字楼的设计，或是即将竣工的高端办公空间的设计，详尽地介绍了办公空间的设计流程及设计方法。它们包含着当下最时尚、最先进的办公空间设计理念，具有良好的参考价值和借鉴意义。

　　至此，我们要感谢室内设计教研室的同事陈凯、孙洪涛、叶飞，无私地为本书提供了优秀的设计工程案例图片；感谢工作室可爱的同事们樊朝红、聂立峰、阎学江、李瑞，为了处理和补充案例中的部分图片，他们付出了大量的时间和精力，确保了图片的数量和质量。

　　特别感谢夏克梁、袁明、韩建华、李立刚、李东明，在百忙之中始终关注本书的编写工作。

　　最后也要感谢室内设计专业的部分同学陆欢欢、孟必文、沈萍、陈轶凯为编书提供的一些帮助。

中国版本图书馆（CIP）数据

室内设计.办公空间／赵春光，陈琦著.—杭州：浙江
人民美术出版社，2010.1
新概念中国高等职业技术学院艺术设计规范教材
ISBN 978-7-5340-2673-7

Ⅰ.室… Ⅱ.①赵… ②陈…Ⅲ.办公室—室内设计—高
等学校：技术学校—教材 Ⅳ.TU238　TU243

中国版本图书馆CIP数据核字（2010）第004933号

顾　　问　林家阳
主　　编　赵　燕　叶国丰

编审委员会名单：（按姓氏笔画排序）
丰明高　方东傅　王明道　王　敏　王文华　王振华　王效杰　冯顾军　叶　桦　申明远
刘境奇　向　东　孙超红　朱云岳　吴耀华　宋连凯　张　勇　张　鸿　李　克　李　欣
李文跃　杜　莉　芮顺淦　陈海涵　陈　新　陈民新　陈鸿俊　周保平　姚　强　柳国庆
胡成明　赵志君　夏克梁　徐　进　徐　江　许淑燕　顾明智　曹勇志　黄春波　彭　亮
焦合金　童铧彬　谢昌祥　虞建中　寥　军　潘　沁　戴　红

作　　者　赵春光　陈　琦
责任编辑　程　勤
装帧设计　程　勤
责任印制　陈柏荣

新概念中国高等职业技术学院艺术设计规范教材

室内设计·办公空间

出 品 人　奚天鹰
出版发行　浙江人民美术出版社
社　　址　杭州市体育场路347号
网　　址　http://mss.zjcb.com
电　　话　(0571) 85170300　邮编　310006
经　　销　全国各地新华书店
制　　版　杭州百通制版有限公司
印　　刷　杭州下城教育印刷有限公司
开　　本　889×1194　1/16
印　　张　7.75
版　　次　2010年1月第1版　2010年1月第1次印刷
书　　号　ISBN 978-7-5340-2673-7
定　　价　40.00元